とろけるにゃんこ

心と体が整う
猫ツボ&リンパマッサージ

著
石野 孝
かまくらげんき動物病院 院長
一般社団法人日本ペットマッサージ協会理事長

マンガ
オキエイコ

永岡書店

もくじ

はじめに

「元気で長生きしてね」という思いは猫の飼い主さんなら誰もが持つことでしょう。

猫の平均寿命は、1990年代に一桁台であったのが、獣医学の発展、予防医学の普及、飼育環境の変化、食生活の改善、健康管理の意識向上などにより、今では15歳近くになっています。一方で、かつては経験しなかった高齢化に伴う疾患は増加傾向で、原因はわかっていても治療方法が確立していなかったり、難治性の疾患も多くあるのが実情です。

東洋医学では「気血水（きけつすい）の流れが滞ると病気になる」という考え方があります。ツボ押しやマッサージは、それらの流れをよくする方向に働きます。

若いときからマッサージをすることで、「気血水」の流れを悪くしないことを常に頭に入れておいてほしい、猫ちゃんの健康維持に役立ててほしいという思いから、ツボ押しとリンパマッサージを融合した「猫マッサージ」を考案しました。

私は、猫マッサージの原点は「母猫が子猫の体をなめること」にあると考えています。ぜひ大切な猫ちゃんのお母さん代わりになって、マッサージを行ってあげてください。

猫ちゃんをマッサージすると、私たち人間が癒やされた気持ちになりませんか。猫と人を幸せにしてくれるのが猫マッサージです。

さあ、今日からさっそく実践して毎日の習慣にしてくださいね。

かまくらげんき動物病院
院長 石野 孝

猫マッサージってなんだろう？
私は２匹の猫と暮らすイラストレーターのオキエイコです
７歳のおこめは今のところ元気
９歳になるしらすはそろそろ健康面が心配……
長生きの秘訣に「猫もマッサージが必要」って聞いたことがあるんだけど
私にもできるかな!?
しらちゃん〜スリスリ〜♡
わさ
わさ
ゴロ〜
……
虚無
これ、マッサージっていえるのかな……？

私もマッサージ店で
時々ほぐして
もらっているけれど
猫のマッサージ屋さんって
ないもんね
？
？
うちの子も
妙齢になって
体が心配だし、
何かできない
かな
老化
体の不調
少しでも長生きして
ほしい……
ぎゅっ
よし！
ゴクッ
猫マッサージを
私がマスターして
いつでも施術できる
ようになろう！
猫も喜んでくれて、
ついでに私もモフれて
一石二鳥！
HAPPY!

猫マッサージって？

猫にも人間と同じように、ツボや経絡（けいらく）、リンパがあります。
猫マッサージは、東洋医学と西洋医学の考え方を
取り入れたマッサージ法です。

★ ツボの刺激で「気血水（きけつすい）」の巡りを改善

ツボや経絡の考え方は古代中国が起源。東洋医学では、生きていくうえで欠かせない「気血水」が「経絡」と呼ばれるルートの中を通っていると考えられています。そして経絡上には「ツボ」と呼ばれる「気」が集中するポイントがあり、このツボを刺激することで、「気血水」の巡りを改善して、体を健康な状態に整えていきます。まだ病気ではないけれど、気になる症状「未病」にも効果を発揮します。

なお、ツボは体の中心にあるものをのぞき、左右対称の位置にあります。左右どちらも押しましょう。

★ リンパの流れをよくして体調を整える

一方、西洋医学を起源とするのがリンパマッサージです。リンパには老廃物を運搬する働きがあります。また、体内に侵入した細菌などから体を守る働きもあります。運動不足や冷えなどによってリンパの流れが悪くなると、体がむくんだり、肩がこったりすることも。人間としくみは同じです。このリンパをマッサージで刺激することによって、リンパの流れを改善していきます。

リンパマッサージは強くもむ必要はありません。手のひらでソフトにさするだけでも、十分な刺激になるのです。

副作用の心配がないのも、この「猫マッサージ」のよいところ。毎日体をさわってあげることが、病気の早期発見にもつながります。そして何より、猫との絆を深めるコミュニケーションの手段としてもおすすめ。猫マッサージは究極のスキンシップです。

わたしたちが猫マッサージを体験するよ!

しらす

9歳になる女の子。
人に甘えたがりだけど、
おこめの前では甘えられない
少し神経質なお嬢様。
年齢を重ねて、胃腸の様子が
気になる年頃。

おこめ

7歳だけど、心は子猫な女の子。
ギロッとした目とは裏腹に、
天真爛漫に飛び回る。
マイペースすぎていつもしらすに
怒られているけれど
なぜ怒られているかまるで
わかっていない。

マッサージ前の注意点

1 マッサージは医療行為ではありません

マッサージはあくまでも健康を維持するためのサポートであり、未病対策です。心配なことがあるときは、迷わず動物病院に相談してください。ケガをしているとき、具合が悪いときもさけましょう。

2 お互いケガのないように準備

猫を傷つけないように、指輪やブレスレット、腕時計などは外しておきましょう。また事前にお互いの爪の手入れをしておきましょう。猫の爪はするどいので、マッサージ前に切っておけるとよいですね。

3 「これから始めるよ、よろしくね」からスタート

いきなりマッサージするのではなく、徐々に慣らしながら行いましょう。まずはいつものようになでてあげましょう。その延長がマッサージのイメージで。嫌がるようなら、次の機会に。

4 ツボやリンパの位置はだいたいで大丈夫

ツボやリンパの正確な位置を探して押したりマッサージするのではなく、その付近を刺激することによっても効果があります。空腹時や食後すぐはさけ、リラックスしているときに行いましょう。

5 「まんざらでもない」顔を見逃さない

気持ちのよいマッサージも猫が嫌がるときは逆効果。猫の顔色をうかがいながら行いましょう。「まんざらでもない」という顔をしているようなら、気持ちがよいのかも。

6 マッサージに愛情を込めて！

ツボ押しもリンパマッサージも、やさしくを心がけてください。ぐいぐい力いっぱい押す必要はありません。力を込めるよりも、愛情を込めてマッサージしてあげましょう。

- 各ページの下に入っている猫ちゃんたちの写真は、オキエイコさんのフォロワーさんから届いた「気持ちよくてとろけるような表情をしている猫ちゃんたち」の写真です。
みなさんの猫ちゃんも、マッサージでとろけさせてあげてください！
- 各ページのQRコードを読み取ると、マッサージの内容を動画で見ることができます。

猫マッサージの8つの基本テクニック

猫マッサージにはさまざまなテクニックがあります。
人間のマッサージと同じようなものもあれば、猫ならではのマッサージ法も!
気負わずに、なでることの延長で、猫と仲良くなるつもりで行ってみてください。

1 ストローク(さする)

ストロークはなでることの延長。マッサージの導入はストロークから始めましょう。
体の毛流れにそって手のひらでさすります。体の部位によっては、**指を使ってもOK。**

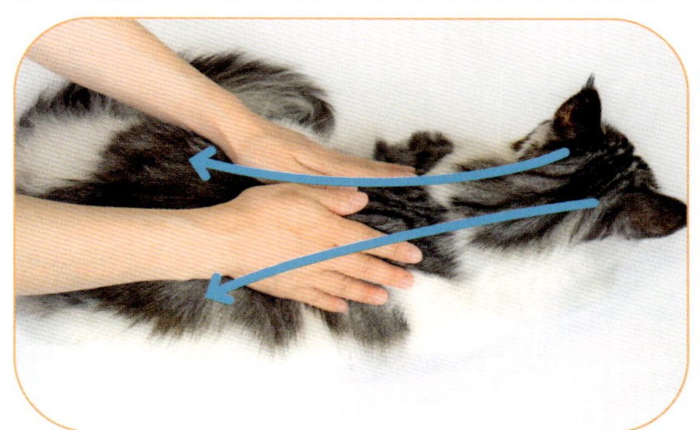

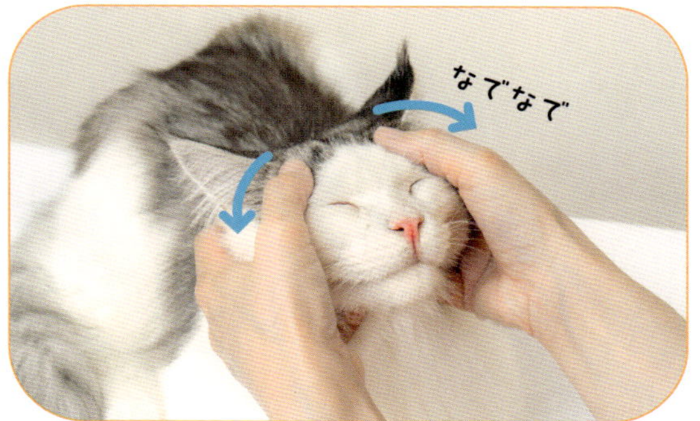

2 円マッサージ

人差し指や中指、手のひらを使って時計回りにマッサージ。ツボの周囲やお腹、唾液腺(だえきせん)など、
決められた範囲を念入りにマッサージするときに使います。

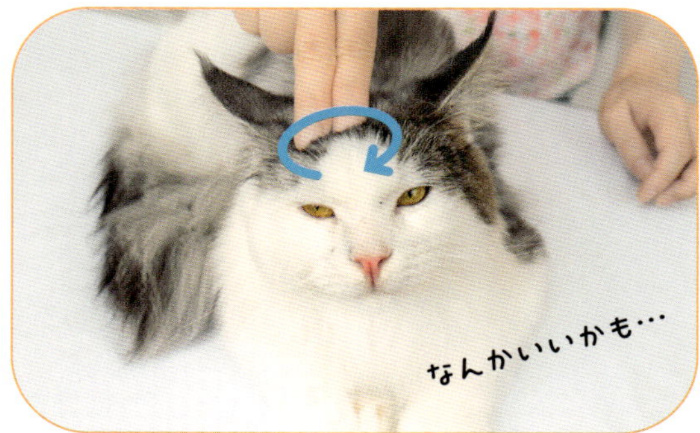

3 もみもみ

親指と人差し指、
または中指やそのほかの指を添えて、
肩もみの要領で“もみもみ”します。
左右対象のツボや筋肉を
ほぐして刺激するときに行ってみましょう。

4 指圧

ツボを**指の腹で押して刺激**します。まずツボに指を置いて、
「1・2・3」と少しずつ力を入れていきます。猫が気持ちよさそうにしたら、そのまま3秒キープ。
その後、「1・2・3」と数えながら徐々に力を抜いていきます。**力を入れすぎない**のがコツ。

足の裏や手が入りにくい「曲池(きょくち)」「合谷(ごうこく)」、
さわりにくいデリケートな「迎香(げいこう)」などの
ツボには、**綿棒やヘアピンの先端**を
利用するとやりやすいです。

5 タッピング（たたく）

指を軽く丸めて、指先で皮膚を軽やかに
たたきます。経絡(けいらく)やリンパの流れが
滞っている部分に刺激を与えることで、
しびれやむくみ、肌つやの悪さの改善に
つながります。単調にならず、リズミカルに
強弱をつけるのがよい刺激になります。

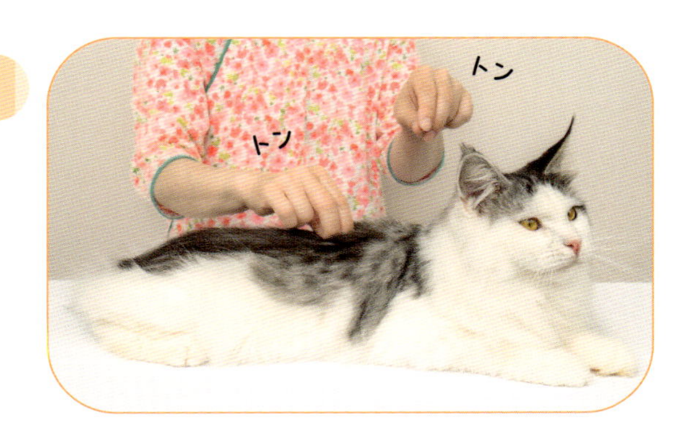

6 ピックアップ（つまんで引っ張る）

猫マッサージならではの皮膚の体操。
両手でつまんで引っ張りあげて
新陳代謝を促します。
猫の体調は皮膚に現れることが多いのです。
皮膚を刺激することで、
症状の改善や予防にもつながります。
人間なら皮膚を引っ張られると
「痛い！」となりますが、
猫には心地よい刺激になります。

7 ツイスト（ひねる）

⑥ピックアップの応用編。
ピックアップした後に皮膚を**両手で前後にひねります**。皮膚を刺激して代謝アップ！

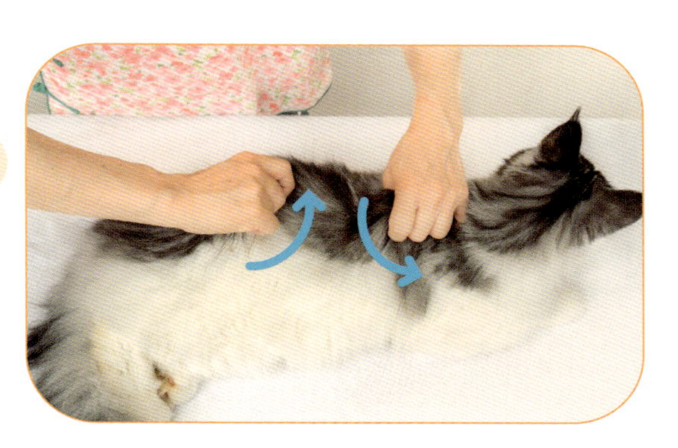

8 リンパの流れを刺激するマッサージ

ニーディング（にぎにぎ）
握って圧をかける
猫の加圧トレーニング！

突手（つきて）
指を軽く丸めて、
指先で突いてツボも刺激。

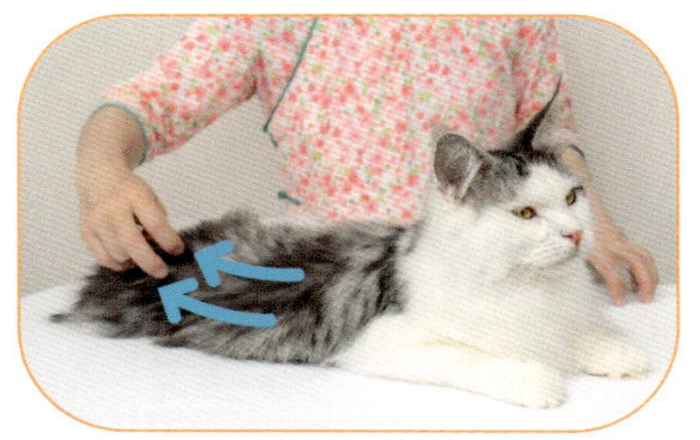

スクラッチング（指でかく）
指2本でかくようにして
ツボも刺激。

猫の体のしくみ

猫と人間では、ひざやかかと、足首などの場所がちょっと違うかもしれません。
猫の体のだいたいの構造を知っておくと、マッサージをするときに役立ちますよ。

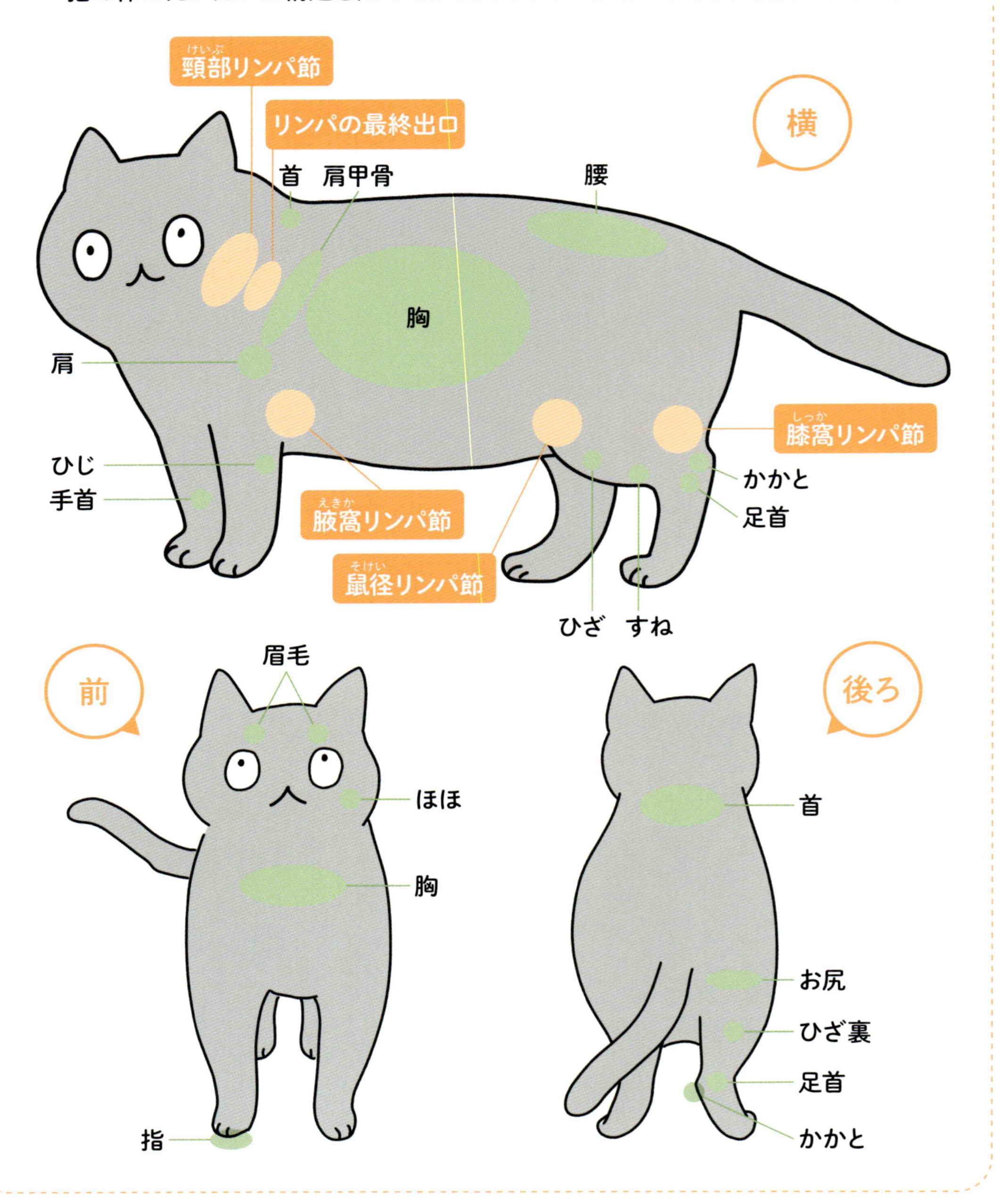

毎日の
マッサージ

みなさん、もちろん毎日のように飼い猫をなでて、
たっぷり愛情を表現してあげていることと思います。
さらに、マッサージのコツを知っておくと、
なでることが健康アップにもつながります。
毎日しっかり体をさわることで、猫ちゃんの健康状態もチェック！

毎日のマッサージ 1日1回 まずはこれから！

リンパマッサージでスタート!

毎日の猫マッサージの前に、このリンパマッサージを準備として行いましょう。
猫の体をさわることで、体の内側にひそむ病気の早期発見にもつながります。

★ 回数の目安はそれぞれ 10～20回 ★

1 ストローク(さする)で肩慣らし

まずは手のひらで
ストロークをしながら
「これから始めるよ、よろしくね」
とごあいさつ。

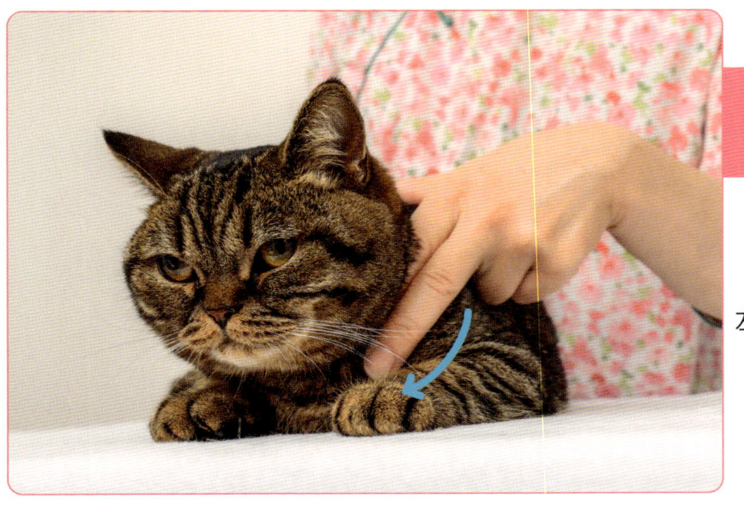

2 リンパの出口をストローク

左の肩の前（左肩甲骨（ひだりけんこうこつ）の前方）
にあるリンパの最終出口を
指で上から下へやさしく
さすって、リンパの出口を
開いてあげます。

イチちゃん・13才・男の子

首から肩をなでおろす

親指以外の４本の指で、
頬から首に向かってやさしくなでおろす。
次にリンパの流れをイメージしながら
首から肩のほう（頸部(けいぶ)リンパ節）に
左右いっしょにやさしくなでおろす。

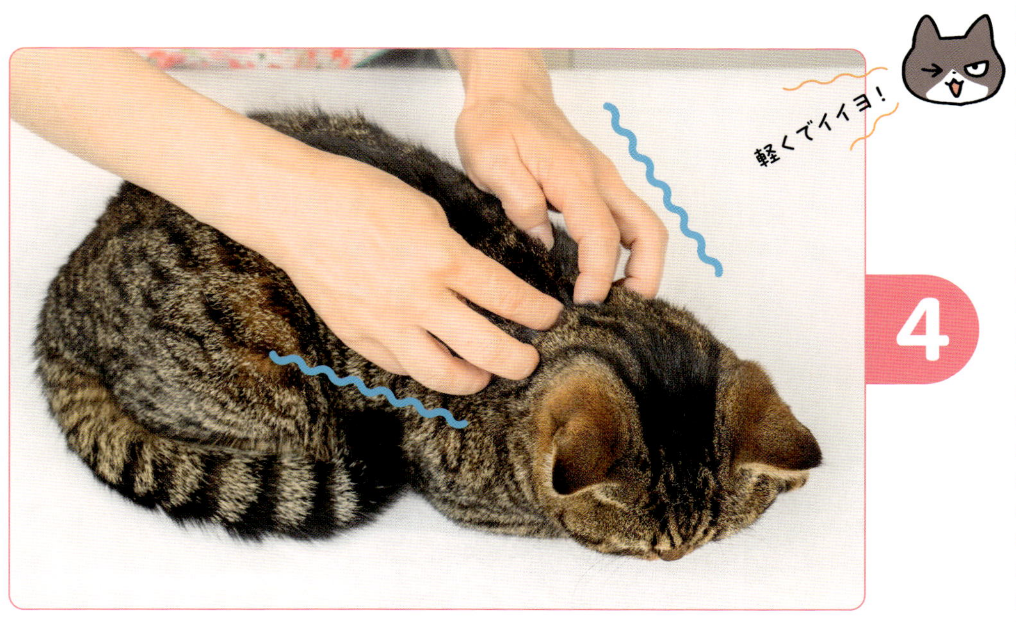

背中を中心に体をトントン

手を軽く曲げて、指先で背中をやさしくタッピング（たたく）。
全身のリンパに軽く振動を与えます。

くるみちゃん・4才・女の子

5

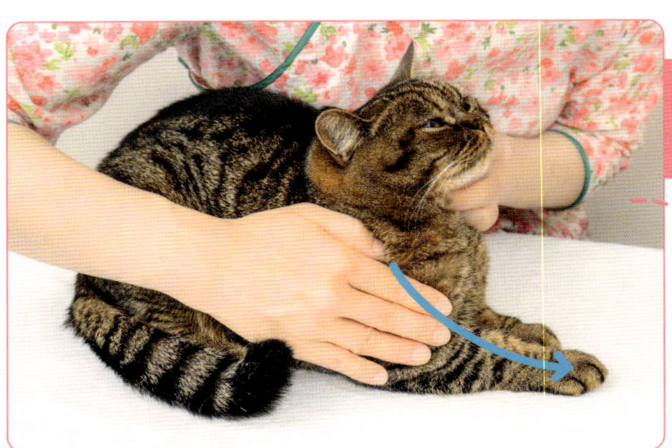

肩から前足のつま先までをストローク

肩から前足のつま先までをさすって、
前足をニーディング（にぎにぎ）。

6

わきの下のリンパをもみもみ

猫の背後からわきの下に手を入れて、
わきの下のリンパ（腋窩（えきか）リンパ節）を
マッサージ。

おこげちゃん・1才・女の子

7

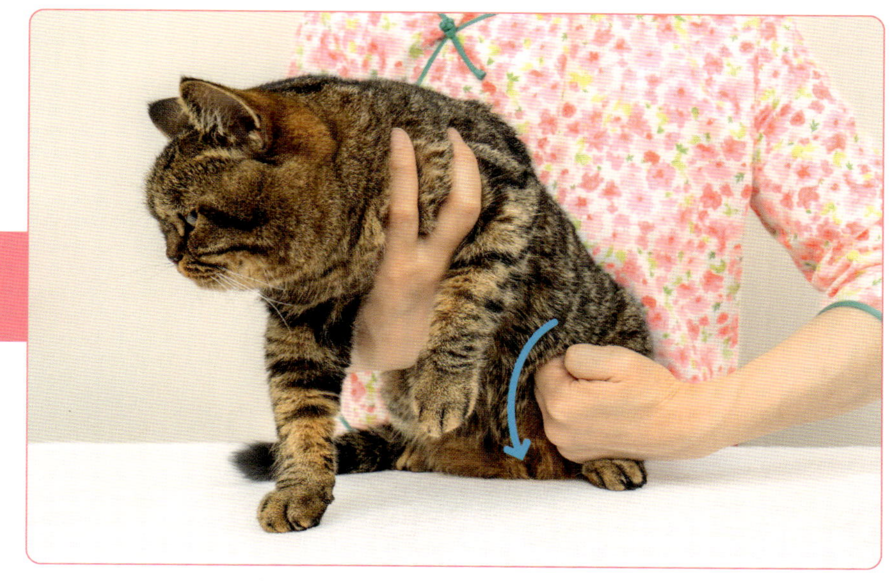

ビキニラインを刺激する

猫の背後から内股に手を回し、ビキニライン（鼠径(そけい)リンパ節）を指の関節を使って軽く刺激する。押してももんでもOK。

8

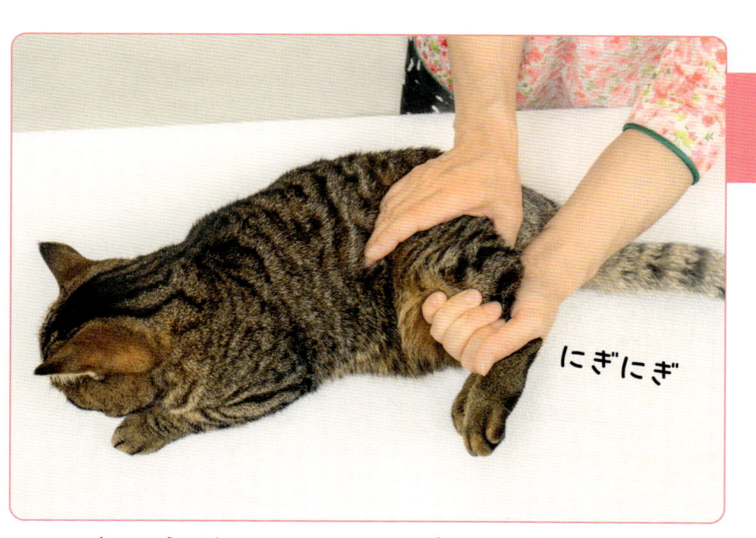

ひざの真後ろをニーディング（にぎにぎ）

ひざの真後ろにあるリンパ（膝窩(しっか)リンパ節）をつかむように、左右の足を交互にもむ。

終わったらあいさつを。「ありがとうね！」

とろけたよ～

さぼたろうちゃん・3才・男の子

毎日のマッサージ

いつもより元気がないときに

元気がないときの原因のひとつに、ストレスや緊張でリンパや血流の巡りが悪くなっていることが考えられます。マッサージで体の奥にあるパワーを引き出してあげましょう。

マッサージのポイント

- リンパや血流の巡りをよくするマッサージで、元気を回復する。
- 回数の目安は左右各10〜20回。

1 お腹を円マッサージ

お腹を時計回りにゆっくりとさすって、
「気血（きけつ）」の流れを整えます。

2 頭を円マッサージ

右手を頭に当てて、ゆっくりと頭を時計回りにさすります。
頭への血流やリンパの流れを活発に。

クロベエちゃん・4才・男の子

3

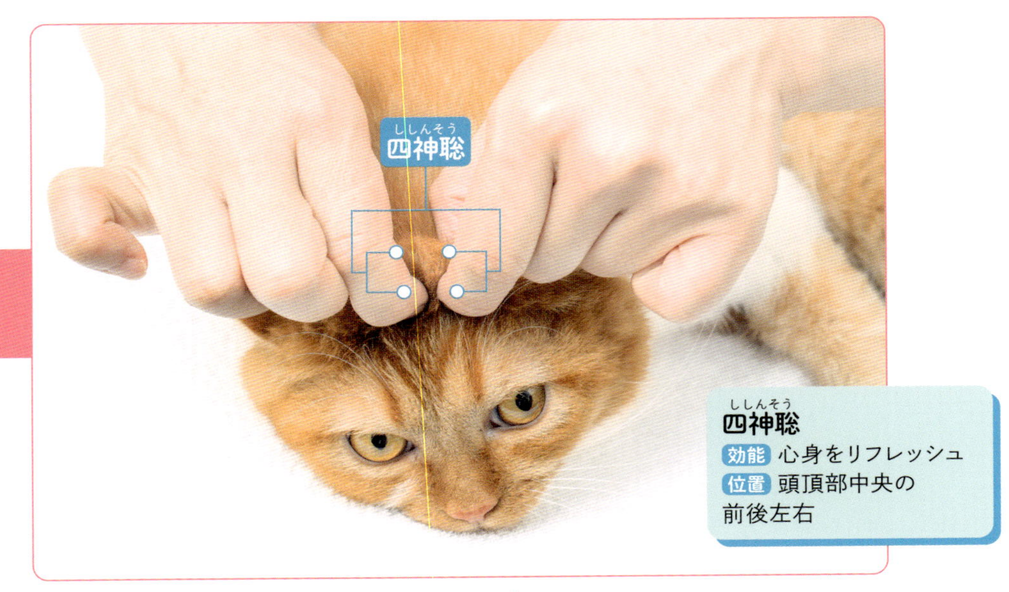

四神聡をピックアップ（つまんで引っ張る）

頭頂部には四神聡の４穴があります。いっぺんに縦方向、横方向にピックアップしましょう。ヘッドスパのように、頭蓋骨から頭皮を引きはがすようなイメージ。頭の血行がよくなります。

4

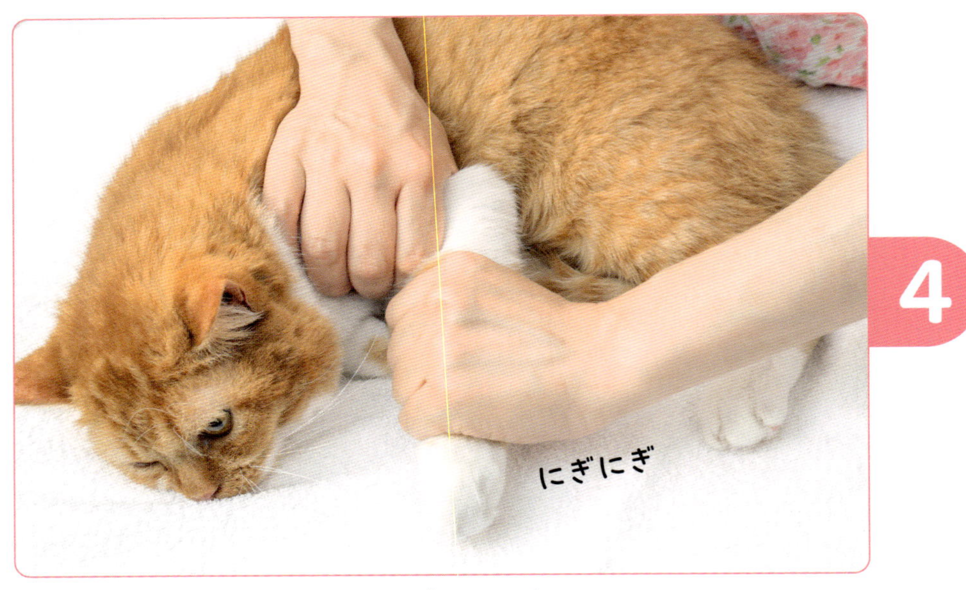

前足をニーディング（にぎにぎ）

前足の内側には心を健康にする３本の経絡が走っています。ここをにぎにぎして刺激します。

ずんだちゃん・8才・女の子

せいけつ
井穴
効能 脳をリフレッシュ
位置 前後の各爪の左右のつけ根

効くぅ！

井穴を引っ張る

前後の足の井穴を左右から押しながら、
外側に向かって引っ張ります。

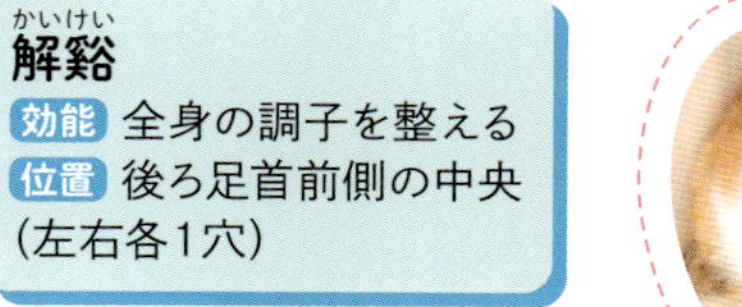

6 解谿を指圧＆ストローク（さする）

後ろ足の解谿を綿棒で指圧し、
足首をさすります。

かいけい
解谿
効能 全身の調子を整える
位置 後ろ足首前側の中央（左右各1穴）

ふわちゃん・3才・男の子

毎日のマッサージ

猫も肩こりで悩んでるニャ!

猫も肩こりで悩んでいるそう。本来、鎖骨が胴体と前足をつなぐ役割をしていますが、猫の鎖骨は退化しているため、そのぶん筋肉や関節に負担がかかるのです。

マッサージのポイント

- こってかたくなった筋肉や関節をマッサージでゆるめてあげる。
- 回数の目安は左右各10～20回。

1

肩をストローク(さする)

背中、肩甲骨(けんこうこつ)を
上から下へ向かってさすります。

2

前足をくるくる回す

前足の筋肉を
ほぐしてあげましょう。

凛ちゃん・3才・女の子

3

肩井(けんせい)

効能 肩こり

位置 肩甲骨前のくぼみ（左右各1穴）

搶風(そうふう)

効能 肩こり

位置 肩関節後方のくぼみ（左右各1穴）

搶風(そうふう)

肩井(けんせい)

肩井と搶風を指圧

肩こりに効果のある2つのツボのあたりを
指圧しながら、ほぐしていきます。

4

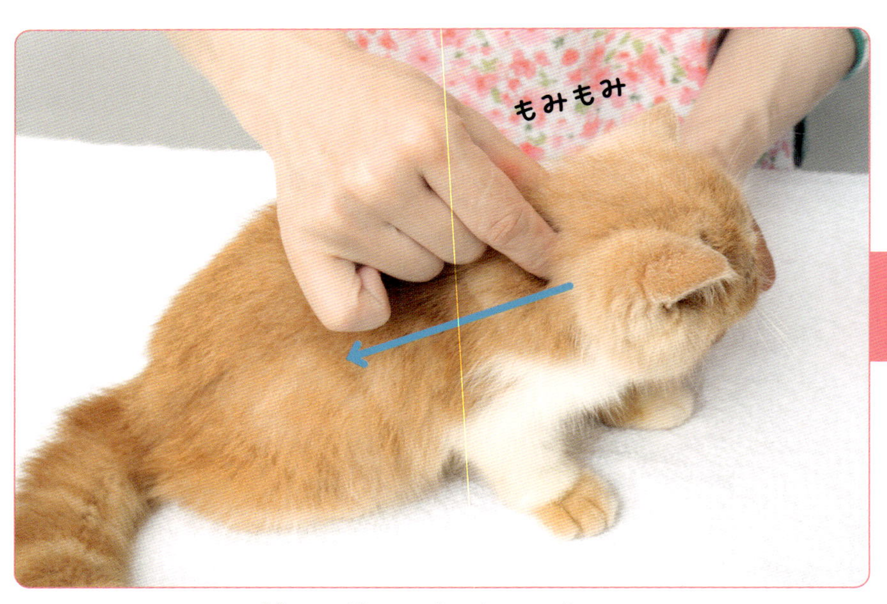

首の後ろをもみもみ

首は重たい頭を支えているので、
ここを上から下に向かってもみもみとマッサージ。

ねるちゃん・3才・女の子

5

曲池を指圧

左右の曲池を指圧します。

曲池（きょくち）
効能 肩こり
位置 前足外側のひじのところ（左右各1穴）

6

背中をピックアップ（つまんで引っ張る）

背中の中央を通っている督脈（とくみゃく）という経絡（けいらく）をピックアップ。
ここはツボが集中しているところ。マッサージで血流をよくしていきます。

そらちゃん・3才・男の子

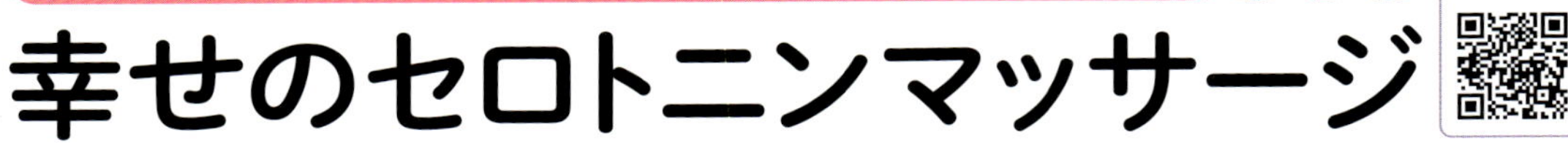

毎日のマッサージ

幸せのセロトニンマッサージ

猫が攻撃的になったり、怒りっぽいときは、ストレスや環境の変化など
さまざまな原因が考えられます。マッサージをしてあげれば、猫も飼い主も幸せに！

マッサージのポイント

- セロトニンは脳内の神経伝達物質の一種。セロトニンの分泌によってストレスの軽減、攻撃性の減少などの効果が期待できる。
- 「リズミカルな運動」「太陽の光を浴びる」「よくかむ」「笑う」ことでセロトニンの分泌が促進される。マッサージで、これらの行動を猫に疑似体験させる。
- 猫の行動は夜型なので、午後にマッサージするとよい。
- 回数の目安は左右各10～20回。

1

体全体をタッピング（たたく）で刺激

体へのリズミカルな刺激が
セロトニンの分泌を促します。

2

猫は表情筋がないので、
笑うことはありません。
マッサージで
笑顔を作ってあげることで、
セロトニンが分泌!?

顔の筋肉をピックアップ（つまんで引っ張る）

顔の咬筋（こうきん）をほぐします。咬筋はものをかむときに使う筋肉。
セロトニンはよくかむことで分泌が促進されます。
耳の前からあごのえらをマッサージすることで、
猫はよくかんだ気分に！

シャープちゃん・10才・男の子

3

太陽（たいよう）
効能 目の疲れ
位置 目尻の横
(左右各1穴)

目の周辺をもみもみ

セロトニンの分泌を促す太陽の光をしっかりキャッチできるように、
目の周りをマッサージしましょう。太陽は目をシャッキリさせてくれるツボです。

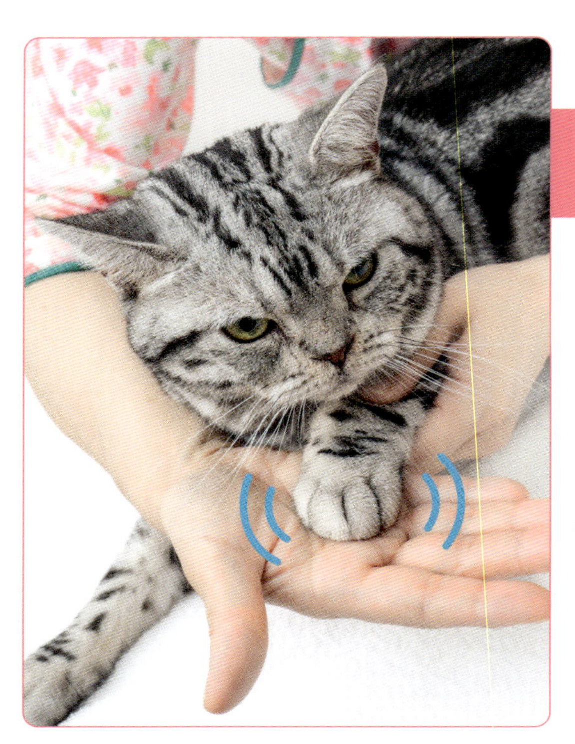

4

肉球をぽふぽふ

お外で運動できない家猫は、
肉球を手のひらに
ぽふぽふ置くだけで、
なんだか運動した気分に!?

シャルドネちゃん・3才・男の子

5

ぎゅっ！

ぎゅっとホールディング

猫をハグしてあげましょう。
猫も飼い主も幸せを感じるひと時。

6

井穴をやさしくつまむ

セロトニンの分泌を促すツボ、
井穴を指圧。
やさしくさわるだけでOK！

井穴（せいけつ）
効能 セロトニンの分泌
位置 前後の各爪の左右のつけ根

もなかちゃん・6才・女の子

日々のストレスを解消

猫は人間以上にストレスに弱い動物。環境や気候の変化、通院など、日常生活にはさまざまなストレス原因がいっぱい！ ストレスは万病のもと。こまめなマッサージで解消してあげましょう。

マッサージのポイント

- 副交感神経を優位にするマッサージで、リラックス＆ストレス解消。
- 回数の目安は左右各10〜20回。

1

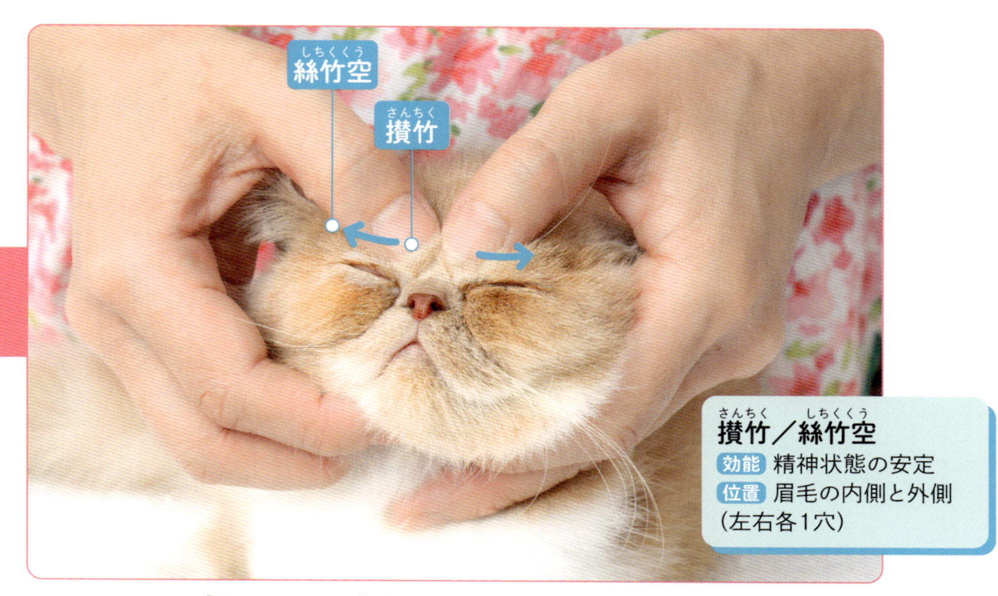

攅竹／絲竹空
効能 精神状態の安定
位置 眉毛の内側と外側（左右各1穴）

顔のツボをストローク（さする）

心を落ち着かせてくれるツボ、
攅竹から絲竹空に向かってさすります。

2

頭の百会／印堂
効能 ストレス解消
位置 頭頂部から眉間

頭の百会から印堂をストローク

両手で猫の頭をはさむように持って、後頭部から眉間へ向けてさすってあげます。
頭にあるストレスのかたまりやモヤモヤを外に出してあげる気持ちでマッサージ。

鈴ちゃん・1才・女の子

頬をピックアップ（つまんで引っ張る）

顔の両側の皮膚をピックアップ。猫が笑って見えるような表情にしてみて！
笑顔をつくることで楽しい気持ちに。

液門をやさしくつまむ

前足にある液門を指圧。
副交感神経を優位にしてあげます。

絹ちゃん・7才・女の子

5 丹田を円マッサージ

ヘソの下にある丹田を
円マッサージします。
猫にたまっているストレスを
丹田に下ろすように
イメージすることが大切！

なんなんさん・13才・女の子

猫マッサージを
学んでみた
なるほど、まずは
毎日のマッサージで
ストレス解消と
セロトニンの分泌を
促進してあげるのが
いいんだね
セロトニンって人間も
幸せを感じると
分泌されるよね……
しあわせ
せっかくなんで
猫たちにも「幸せ」に
なってもらいましょう！
トン
トン
トン
まずは
体全体を
タッピング
トン
トン
トン
あ、
気持ちいいんだ
次に
咬筋マッサージ
?
ほっぺを
つかんで
笑顔に
なるように
びょ〜ん
伸ばして……
うにゃ〜ん

そして
肉球マッサージで
ストレス解消
「肉球マッサージ」
っていう字だけで、
ご飯3杯いけるな
肉球を
ポフポフする
だけで
運動した
気分になるって
最高すぎる
ポフッ
今の気分は、
お外を
お散歩中かな？
太陽の光を
毎日浴びさせたり、
昼頃にマッサージ
したり……
ポカ
ポカ
セロトニンを
出せるように
工夫してあげる
のが大切だね
うううー
ストレス解消！
かわいすぎる…
私が長生き
しちゃいそう！
ぎゅっ
じ
猫と暮らすことで
私のセロトニンも
倍増しそう

毎日のマッサージ

デトックスでもっとかわいく！

東洋医学で考えると、若さや美の大敵は血の流れが滞ること。猫も人間ももちろん同じです。カッサ板や歯ブラシを使ってマッサージしてあげましょう！

マッサージのポイント

- 天然石や牛のツノなどからできた「カッサ板」で、体をこすって血行やリンパの流れをよくする。カッサ板がない場合は、歯ブラシを使うのがおすすめ。
- 体をあたためて、血行をよくする。
- 回数の目安は左右各10～20回。

1

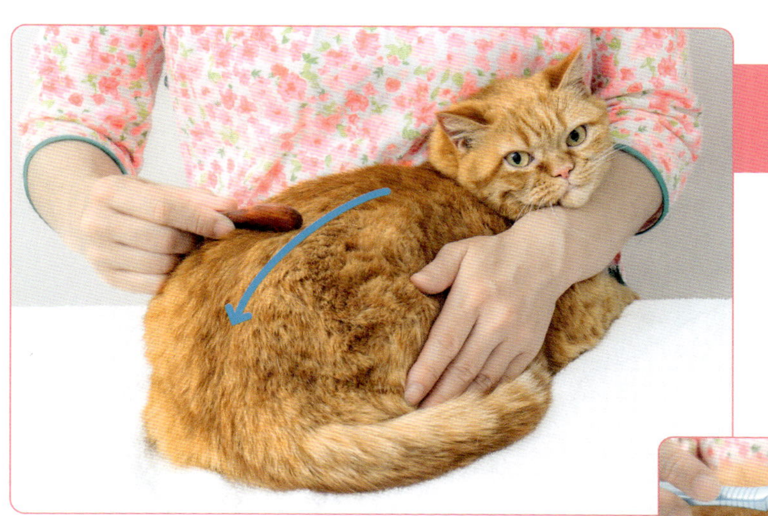

好みのものね

歯ブラシでもOK。
ブラシはザラザラした
猫の舌と同じような感触。
かため、やわらかめ、
毛の種類などは
猫さんのお好みで！

毛流れにそって体をこする

10～15センチずつ、
前後に動かしながらこすっていきます。
同じ強さ、角度で
こすっていくのがポイント。

2

全身をピックアップ（つまんで引っ張る）＆ツイスト（ひねる）

マッサージは皮膚の体操です。
血行をよくして、血液をさらさらに！

ぴーちゃん・19才・女の子

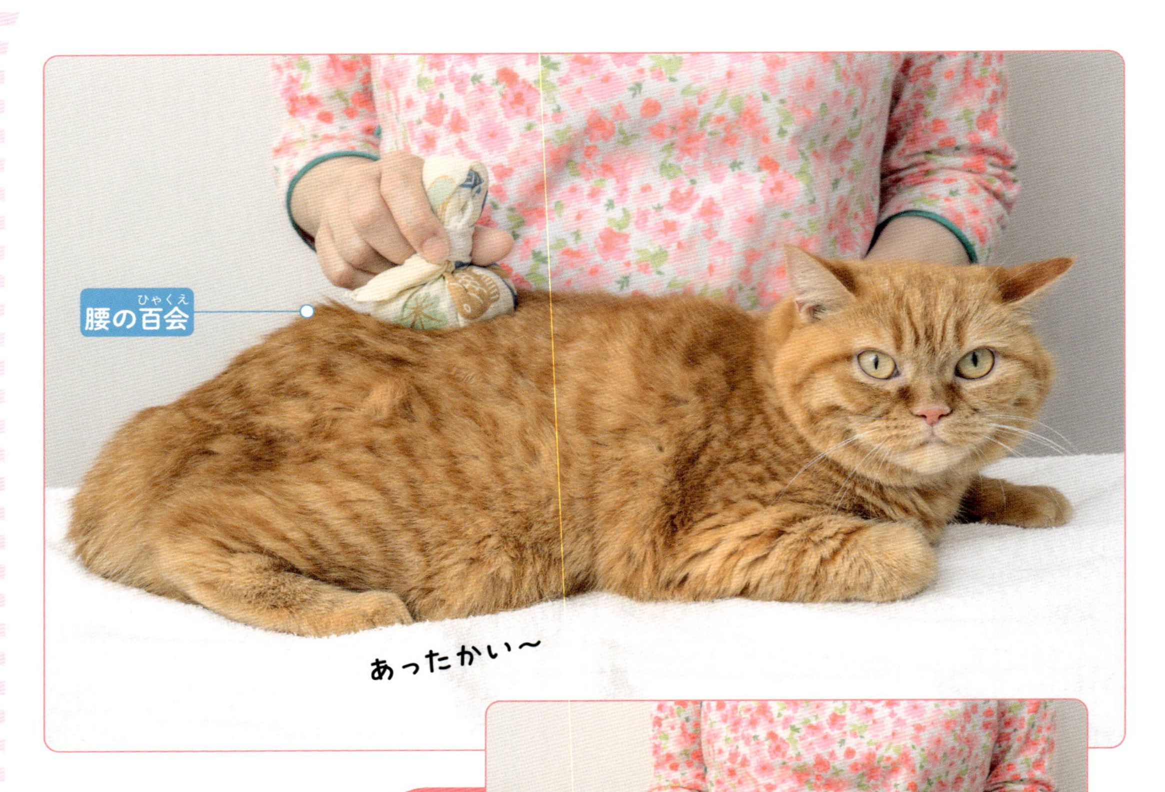

3

腰の百会
効能 全身の状態をよくする
位置 腰

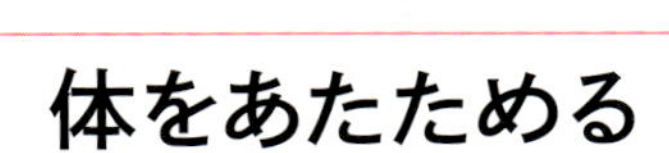

40度くらいにあたためた市販のあずきのカイロや
あずきボールなどで、
腰の百会を中心にあたためます。

あずきのカイロの作り方

あずきを布袋に入れて、
電子レンジ（500 ～ 600W）で
約50秒あたためます。
＊温度には十分お気をつけください。

しゃけちゃん・2才・男の子

4

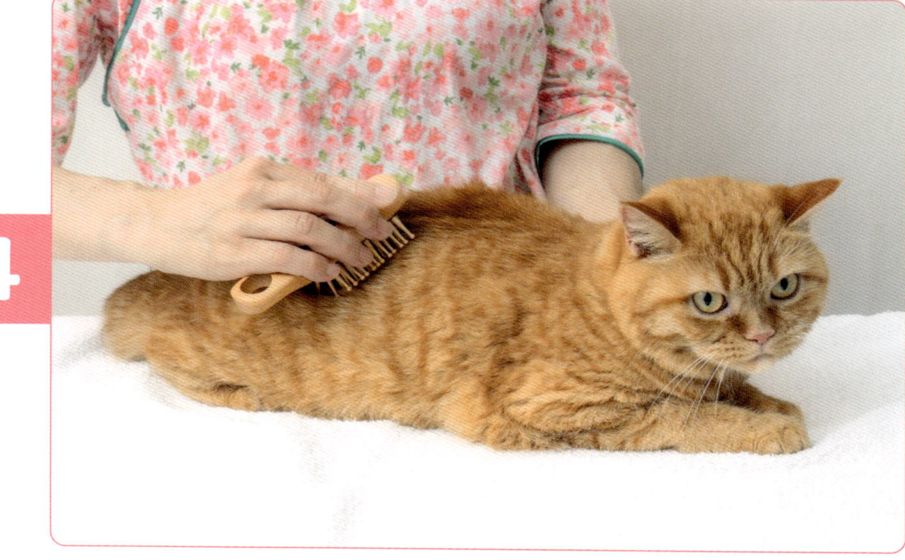

リズミカルに体をブラッシング

緩急・強弱をつけてリズミカルに体全体をブラッシングしてあげます。
ブラッシングで血行がよくなります。

column

瘀血（おけつ）は万病のもと

漢方では血の流れが滞ることを「瘀血」といいます。血がスムーズに体を巡らなくなると、血液が老廃物でいっぱいになり、ドロドロに。瘀血になると、肌のトラブル、頭痛、肩こり、便秘などの症状が出ます。西洋医学で診断されるほとんどの病気の原因は、瘀血によるものと考えられています。この症状は人間も猫も同じ。しっかり血行をよくして、病気を予防し、若さや美しさを保ってあげましょう！

やってあげるよ

ビビちゃん・7才・女の子

毛艶をツヤツヤにしたい

最近、うちのコの毛がバサバサしている、毛艶が悪いな……というときは、「血（けつ）」の不足かも。東洋医学では、「血」が不足すると、毛や爪、皮膚にトラブルが出ると考えます。

マッサージのポイント

- 「血」を補うマッサージをする。
- 回数の目安は左右各10～20回。

1

突手(つきて)で体を刺激する

皮膚を刺激して、
血行やリンパの流れを活性化します。

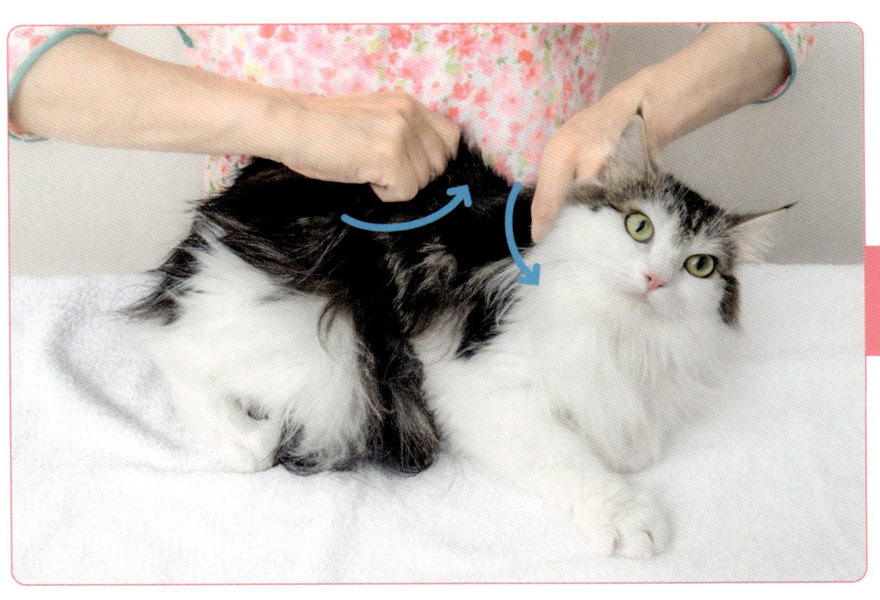

2

体をツイスト(ひねる)

毛艶が悪かったり、皮膚の調子が悪いところを
重点的にマッサージしましょう。

ルナちゃん・9才・男の子

3

後ろ足をニーディング（にぎにぎ）

後ろ足には毛艶をよくする経絡が集中しています。
かかとから上をにぎにぎしましょう。

4

頬車
効能 胃腸を整える
位置 頬（左右各1穴）

顔の筋肉をほぐす

顔の咬筋を中心にほぐします。ここには頬車という胃腸を整えるツボがあります。
胃腸を整えて、栄養が吸収されやすくなれば、毛艶もアップ！

幸之丞ちゃん・14才・男の子

5

三陰交をストローク（さする）

後ろ足の内側には三陰交があります。
三陰交を刺激することで、
ホルモンバランスを整える
効果があります。
すねをはさむようにしてストローク
するとやりやすいでしょう。

三陰交（さんいんこう）
効能 ホルモンバランスを整える
位置 内くるぶしの上（左右各1穴）

6

ひざの上をニーディング

ひざの内側の上には血海のツボがあります。
左右からはさみ込むようにしてにぎにぎ。

血海（けっかい）
効能 血を補う
位置 ひざの内側の上（左右各1穴）

毎日のマッサージ

動画をチェック!

癒やしの肉球マッサージ

人間の足裏には全身の反射区がありますが、猫にも似たようなものがあります。
気になる症状があるときや健康維持に、肉球をぷにぷにしてみて。
猫も人間も癒やされること請け合い!

マッサージのポイント

- 肉球をマッサージすることで血流がよくなる。
- 肉球マッサージはさまざまな部位の症状に効果的。
- 回数の目安は左右各10～20回。

猫の反射区

前足（左）

耳
肩こり
不安
ストレス
歯
安心
労宮（ろうきゅう）
前足の一番大きい肉球のつけ根

後ろ足（左）

不眠
胃
精神安定
安眠
足のしびれ
歯
腎臓
湧泉（ゆうせん）
後ろ足の一番大きい肉球のつけ根

＊右側の前後の足にも同じ効果があります。

1

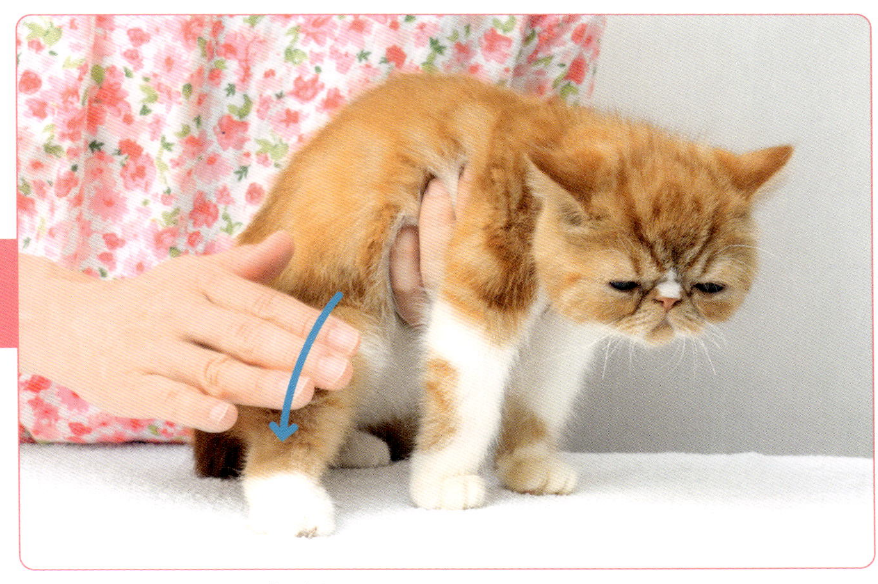

足全体をストローク(さする)

スキンシップの意味も込めて、
まずは足全体をしっかりさすりましょう。

強く押しすぎないで！

2

すべての肉球をやさしくもみもみ

足のすべての肉球を人差し指と親指でやさしくつまみます。
指と指の間ももみましょう。

むに子ちゃん・2才・女の子

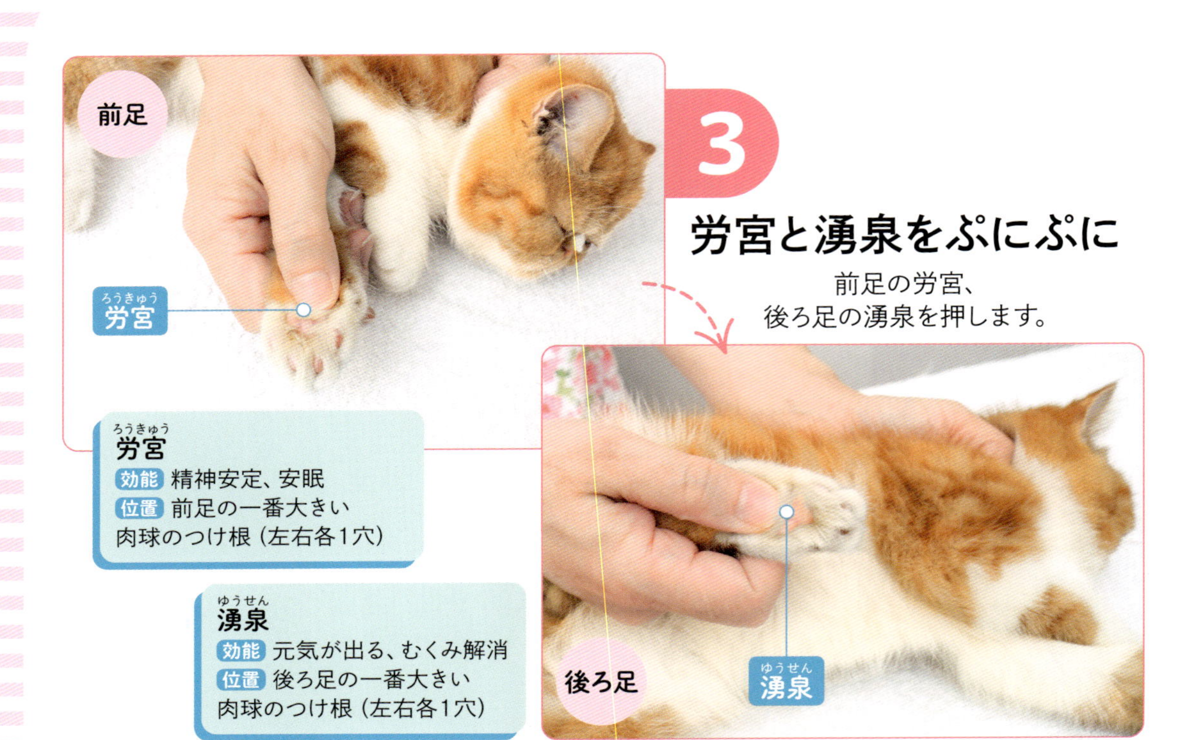

3 労宮と湧泉をぷにぷに

前足の労宮、
後ろ足の湧泉を押します。

労宮（ろうきゅう）
効能 精神安定、安眠
位置 前足の一番大きい肉球のつけ根（左右各1穴）

湧泉（ゆうせん）
効能 元気が出る、むくみ解消
位置 後ろ足の一番大きい肉球のつけ根（左右各1穴）

4 指の側面をストローク

指の側面をはさむようにして
さすります。

最後はニオイをかいで、
健康チェック！
体調不良になると、
足の裏がくさいことも。
体調に問題ないか
しっかり確認。

杏ちゃん・8才・女の子

気になる症状別マッサージ

気になる症状があるなら、該当するマッサージを取り入れてみましょう。
病気の予防につながります。
毎日のマッサージで、愛猫とスキンシップをたっぷりとりましょう。
「いつまでも元気でいてね」という思いを込めて！

食欲にムラがある

気ままに見える猫も実は神経質なコが多いのです。
「ご飯が気に入らない」のはよくあること。でも、病気ではなくても「未病」の可能性もあります。

マッサージのポイント

- 食欲不振の原因のひとつ、胃腸のトラブルに効果がある。
- 回数の目安は左右各10～20回。

1

腰をストローク（さする）

腰には「腰の百会」という
万能のツボがあります。

腰の百会（ひゃくえ）
効能 気血の流れを促進させて体を活性化
位置 腰

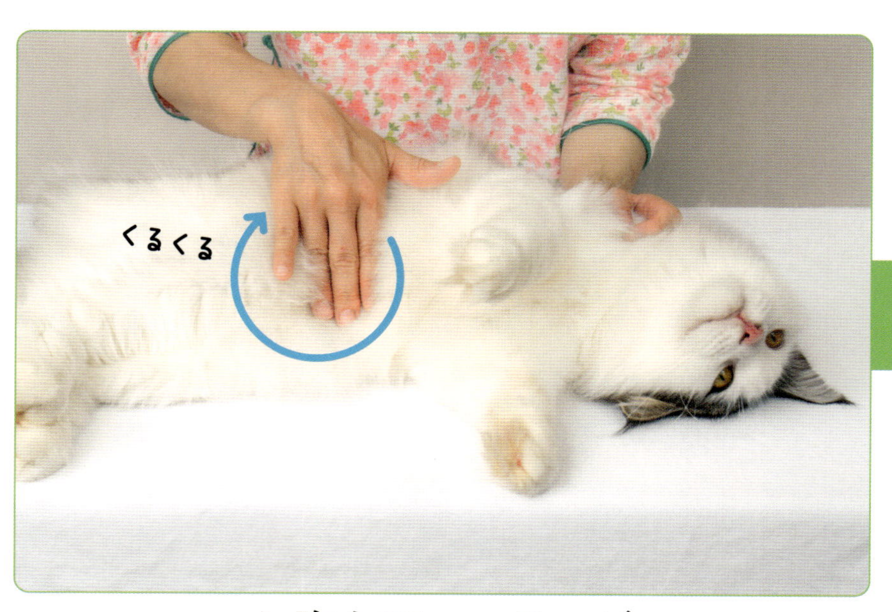

2

お腹を円マッサージ

お腹を時計回りに、ゆっくりさすります。
気血の流れが整います。

とうふちゃん・4才・男の子

関元／天枢／中脘
効能 胃腸を整える
位置 ヘソの前後左右

下腹部を十文字にストローク

ヘソを中心に前後左右に十文字にさすって、
お腹のツボを刺激。

足三里
効能 胃腸を整える
位置 ひざ下の外側
(左右各1穴)

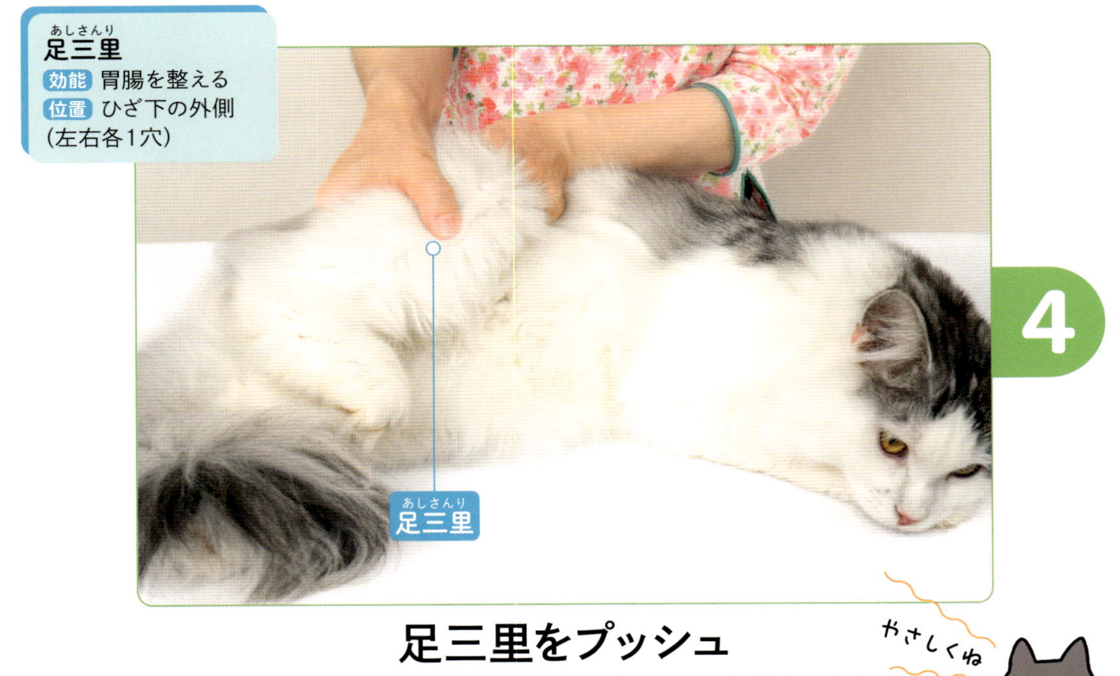

足三里をプッシュ

ひざ下の外側にある、胃腸のツボ、足三里を指圧します。
足は嫌がる子が多いので、無理は禁物。

梅次郎ちゃん・8才・男の子

5 陰陵泉と陽陵泉をはさみ込む

ひざ下の内側と外側にある陰陵泉と陽陵泉を手ではさむようにして指圧。

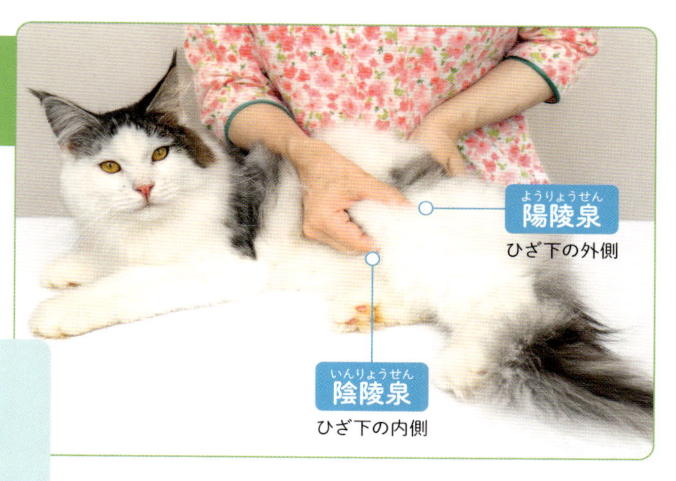

陰陵泉（いんりょうせん）／陽陵泉（ようりょうせん）
効能 腸を整える
位置 ひざ下の内側と外側（左右各1穴）

6 内庭を軽く押す

中指と薬指の間の水かきのところを軽く指圧。

内庭（ないてい）
効能 胃痛や腰痛をやわらげる
位置 後ろ足の中指と薬指の間のつけ根（左右各1穴）

7 三陰交をストローク

三陰交を少し強めにさすります。押してもOK。

三陰交（さんいんこう）
効能 お腹をあたためる
位置 内くるぶしの上（左右各1穴）

まめちゃん・2才・女の子

お腹のトラブル

猫も便秘や軟便、下痢になります。原因はご飯や環境の変化、水分不足、ストレスなどが考えられますが、東洋医学では、便秘も下痢も同じツボを刺激します。

マッサージのポイント

- お腹を整えるときは、お腹と裏表（陰陽）の関係にある背中もケア。
- 回数の目安は左右各10～20回。

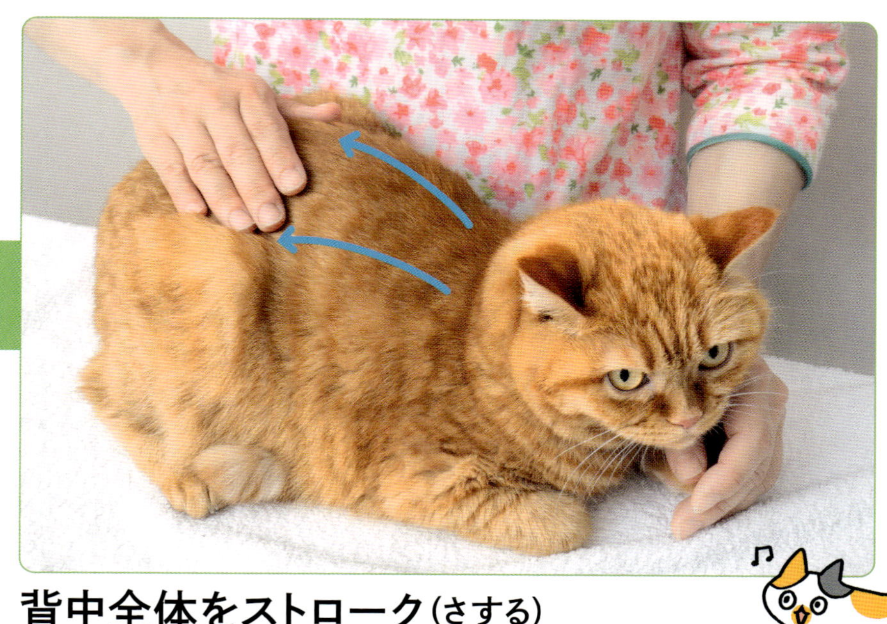

1 背中全体をストローク（さする）

お腹の調子を整えるときは、
背中もケアするのが東洋医学の考え方です。

お腹は「陰」で
背中は「陽」！
東洋医学の考え方だニャン

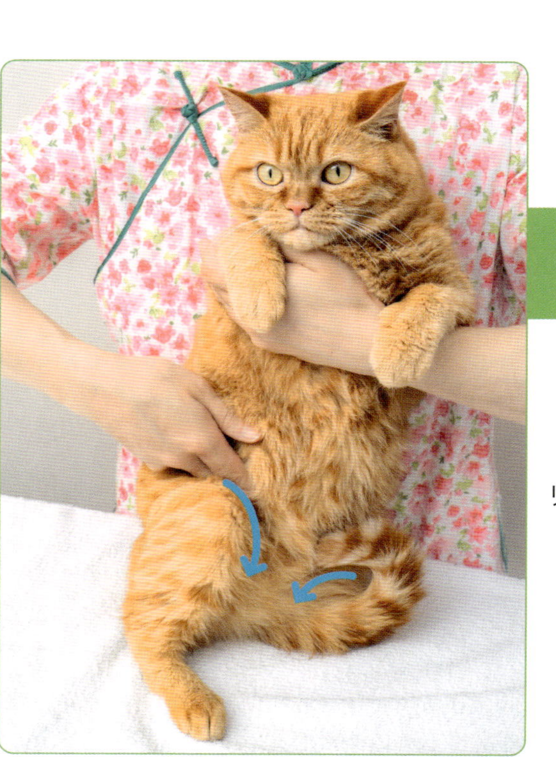

2 ビキニラインをなでなで

お腹に近いビキニラインの
リンパ（鼠径（そけい）リンパ節）をストローク。

福ちゃん・5才・男の子

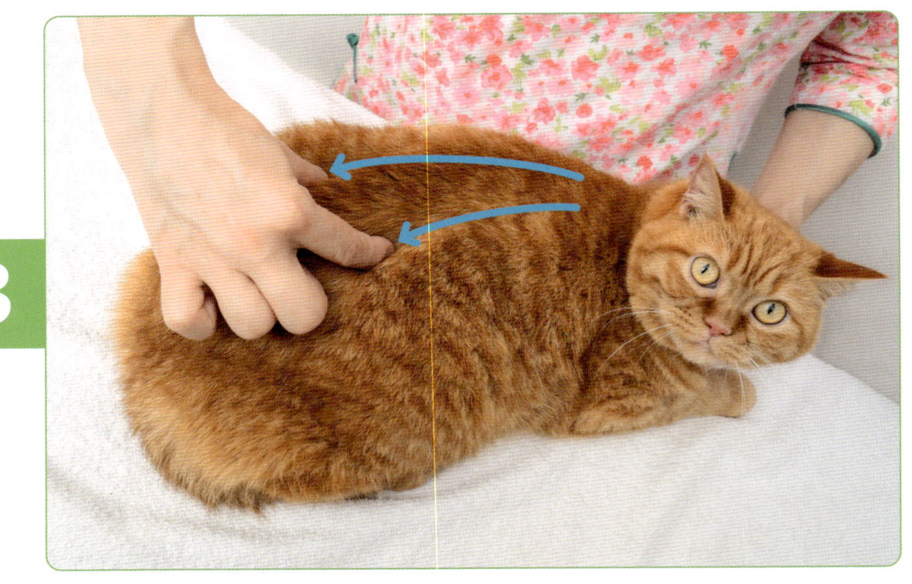

背骨の両脇をもみもみ

背骨の両脇には胃腸を整える効果のあるツボが
並んでいます。

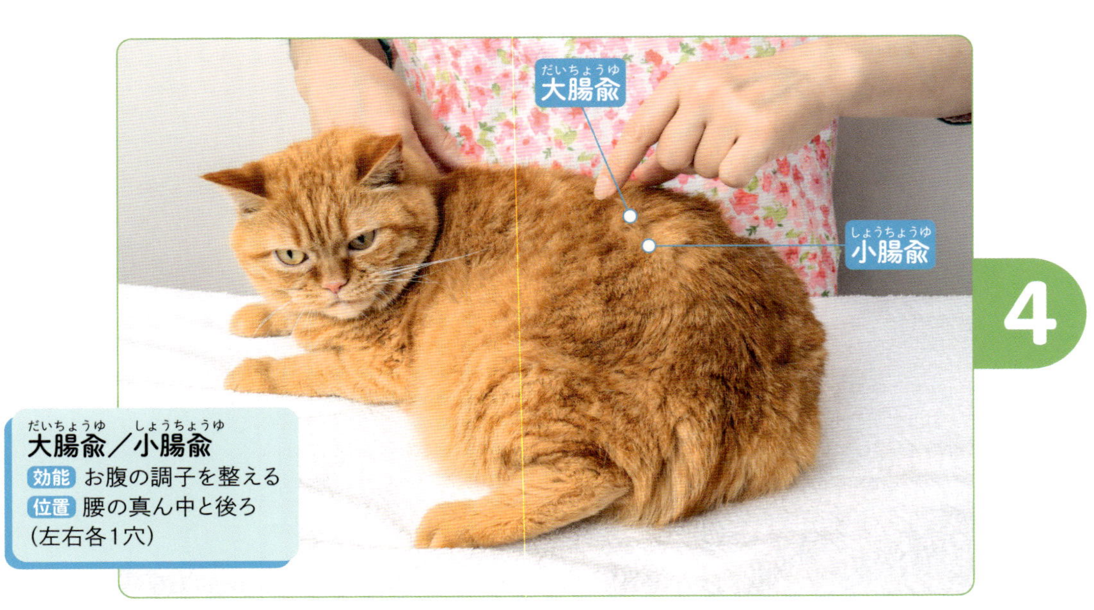

腰のあたりをはさむように押す

腰には大腸兪と小腸兪というお腹の調子を整えるツボがあります。正確な位置が難しいので
だいたいで大丈夫。下痢のときはやさしく、便秘のときは強めに指圧します。

パルちゃん・9才・女の子

5 足三里をやさしく押す

胃腸を整え、元気が出る足三里を刺激します。

足三里（あしさんり）
効能 胃腸を整える
位置 ひざ下の外側
（左右各1穴）

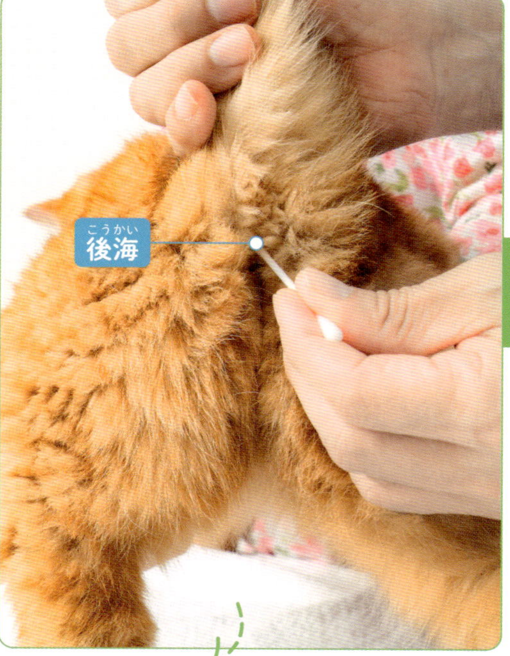

6 後海をプッシュ

綿棒などを使って、
しっぽのつけ根にあるツボ
後海を上向きに押します。

後海（こうかい）
効能 免疫アップ
位置 しっぽのつけ根と肛門の間

押しながら、
しっぽを下ろします。

column

よく吐く猫へのご飯のあげ方

よく吐くときは、お腹がすきすぎて吐いている可能性も。ご飯をこまかく分けてあげてみてください。吐き気止めには、前足の小さい肉球のライン上にある内関（ないかん）（P57）というツボも有効です。

こはくちゃん・10才・女の子

胃腸を整えて
吐きぐせ
ストップ!
我が家の猫たちはまだ
目立った病気はないのですが、
不安に思うことがあります
それは……
?
?
ストレスを感じると
すぐ吐いて
しまうこと!
OEEEEE!!
ストレスをかけないのは
もちろんだけど、
普段から胃腸を整えて
あげられたら……
お腹を整えるには
背骨とその両脇をなでると
いいのね
このあたりに
内臓系のツボがたくさん
並んでいるらしいから
背中の皮膚をつまむように
マッサージするのが
いいみたい
背骨のすぐ横に
並んでいるから
つまむ感じ
モミ
モミ

鼠径部、つまり
ビキニラインのマッサージ!
結構体勢が難しい……!
でも
逃げないってことは
気持ちいいのかな?
肛門より
少し上の後海、
場所が
場所だけに
ちょっと気まずい
雰囲気
あとは吐きぐせのある子必見!
肉球のすぐ下の
2本の筋をひたすら
マッサージ!
前足
内関
という
吐き気
止めの
ツボが
ある
よ～く触ると
2本筋が
ある
マッサージという名目で
猫様にふれられる
最高か……!
存分に猫様を楽しみつつ、
ひとつひとつは簡単なので
すぐに覚えました
背中の皮膚モミモミは
寝ながらでもできるので
おすすめです

ダイエット

肥満はさまざまな病気を引き起こす原因のひとつ。
猫の場合、去勢・避妊手術の影響によるホルモン肥満が多くみられます。

マッサージのポイント
- ホルモンバランスを整えるマッサージで肥満を改善。
- 回数の目安は左右各10～20回。

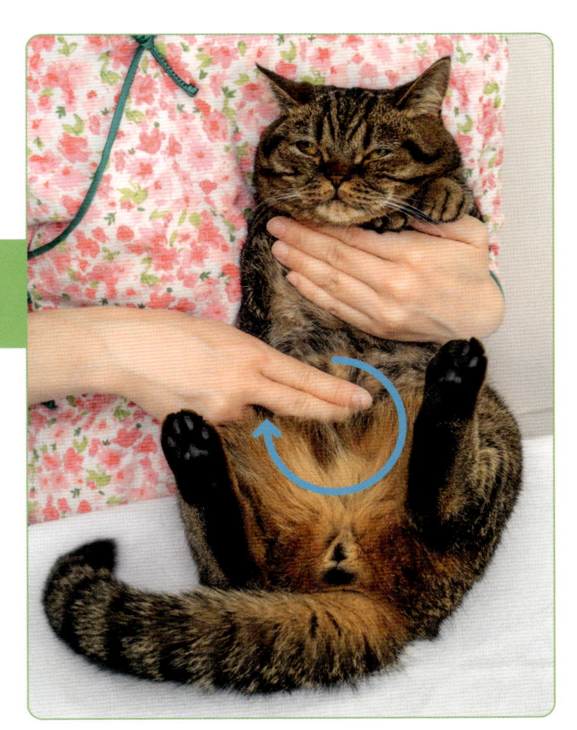

1

お腹を円マッサージ

お腹を時計回りに
ゆっくりさすります。

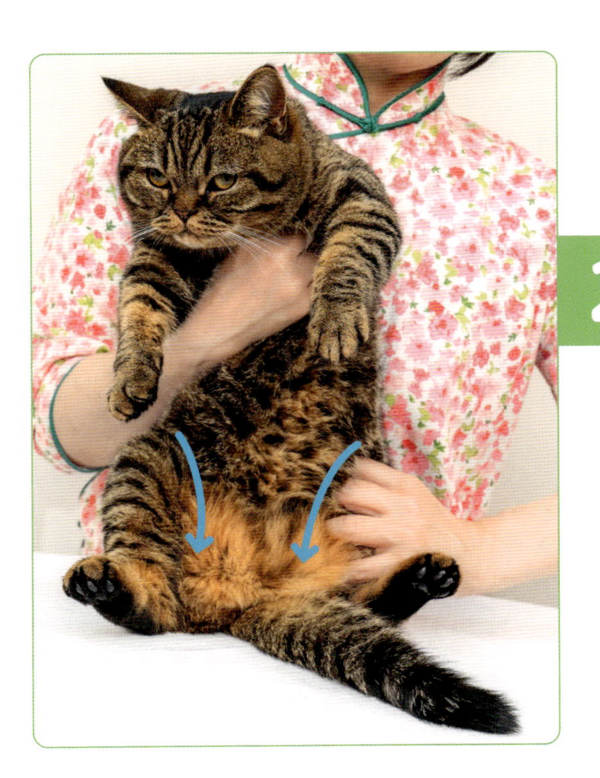

2

ビキニラインをストローク（さする）

ビキニライン（鼠径(そけい)リンパ節）を
内側に向かってさすって
下半身のむくみをとります。

怜ちゃん・6才・男の子

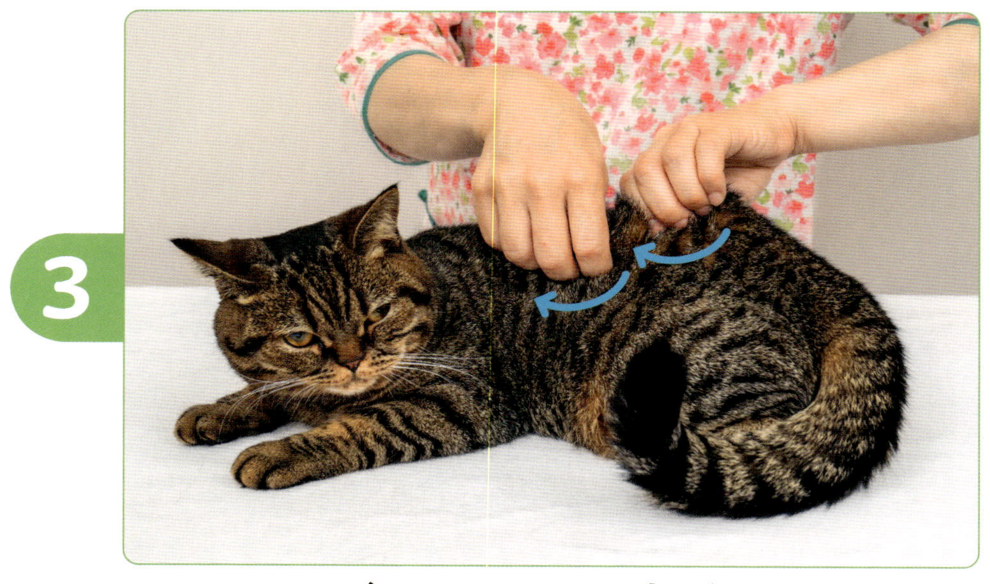

ダイエットしたい部分をピックアップ（つまんで引っ張る）＆ツイスト（ひねる）

お腹のぽっこりが気になるならお腹など、
ダイエットさせたい部分をマッサージすると代謝がよくなります。

三陰交をストローク

三陰交への刺激は
ダイエットに
効果的です。

三陰交（さんいんこう）
効能　ホルモンバランスを整える
位置　内くるぶしの上（左右各1穴）

凜太郎ちゃん・8才・男の子

5

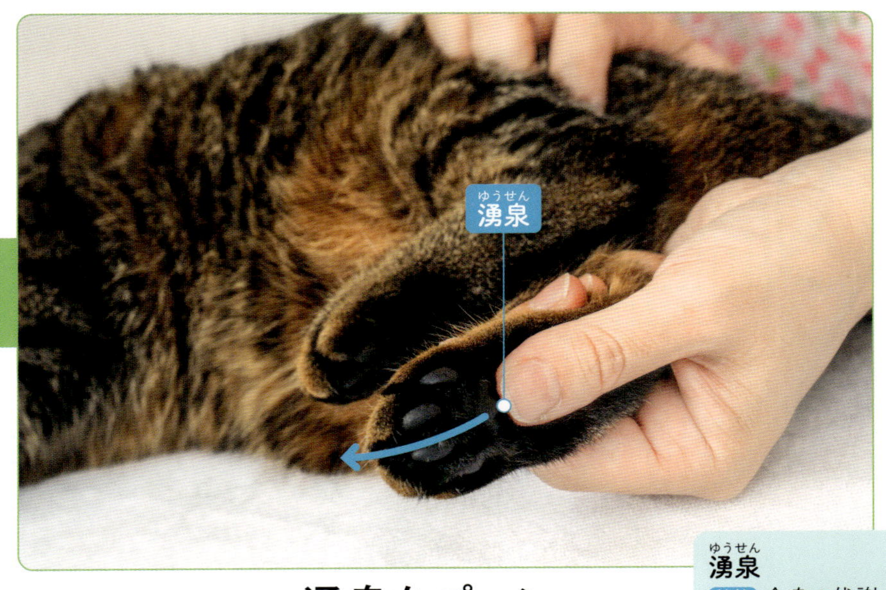

湧泉をプッシュ

足先に向かって指圧します。

湧泉(ゆうせん)
効能 全身の代謝がアップ
位置 後ろ足の一番大きい肉球のつけ根（左右各1穴）

column

猫は若いうちから更年期に突入

猫は生後7、8カ月で去勢や避妊をするので、人間なら50歳前後で更年期になるところが、猫の場合は若いうちから更年期に突入します。そのため、ホルモンバランスを整えて更年期の症状に効果のある三陰交を刺激することが、ダイエットに有効なのです。

ジャーキーちゃん・6才・女の子

猫風邪

猫風邪は、鼻水、目やに、くしゃみ、涙などの風邪の症状が出るウイルス性の感染症。
症状が出たら動物病院へ行くのがいちばんですが、普段からマッサージで免疫アップ!

マッサージのポイント

- マッサージで体をあたためる。
- 咳、鼻水、鼻詰まりに効果のあるツボを刺激。
- 回数の目安は左右各10〜20回。

1

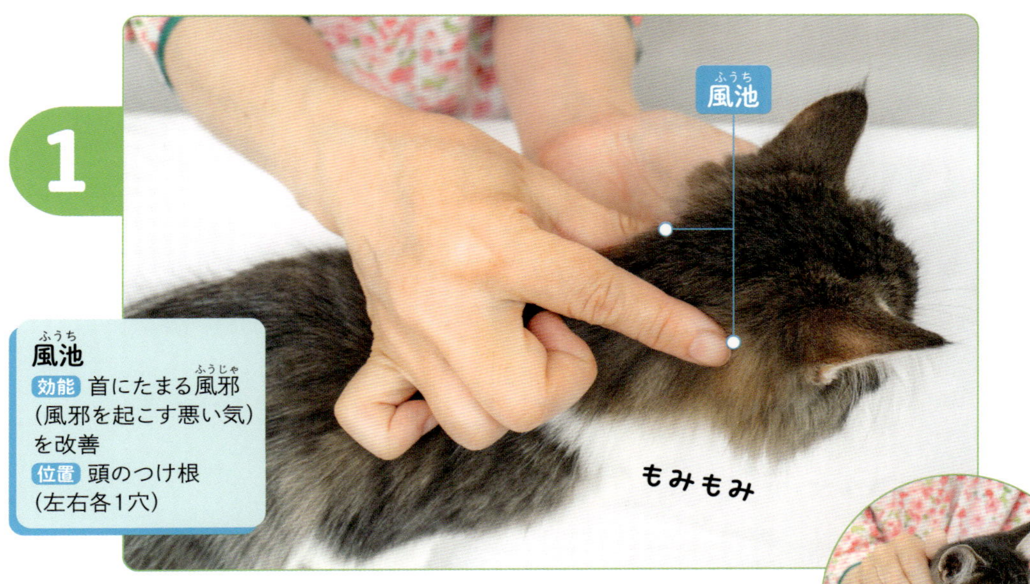

風池
効能 首にたまる風邪(風邪を起こす悪い気)を改善
位置 頭のつけ根(左右各1穴)

風池をもみもみ

風邪は頭と首のつけ根から入ってくるといわれます。
左右の風池をもむか、親指で指圧してください。

首の後ろを
冷やさないように
あたためて。

2

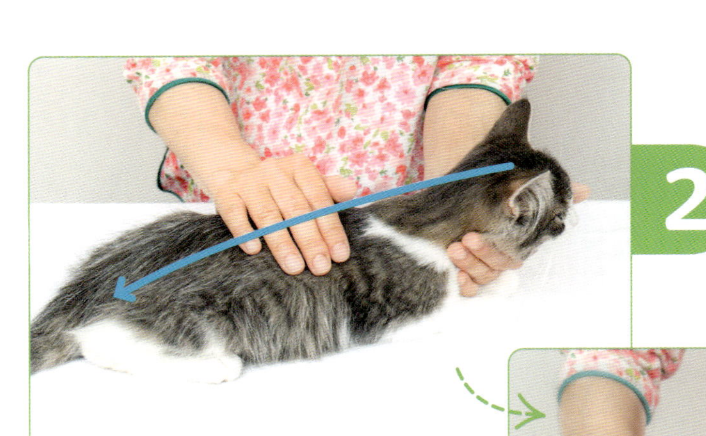

後頭部から背中をストローク(さする)

体をあたためるために、
後頭部から背中にかけてを
前後にさすります。

きなこちゃん・2才・男の子

前足をニーディング（にぎにぎ）

前足の外側を爪先から腕のつけ根に向かってにぎにぎします。
前足には呼吸器にかかわる経絡（けいらく）が走っています。

印堂（いんどう）／山根（さんこん）／迎香（げいこう）
効能 鼻水・鼻詰まりの解消
位置 眉間から鼻のあたり

印堂から山根までをストロークして、迎香を軽く押す

印堂から山根のツボに向かって
人差し指でさすり、
迎香のツボを軽く指圧します。

ルビーちゃん・17才・女の子

5

廉泉(れんせん)
効能 咳を鎮める
位置 あごの下

廉泉をピックアップ（つまんで引っ張る）

廉泉のあたりの皮膚を
つまんで引っ張ります。

尾尖は動物ならではのツボ！

6

尾尖(びせん)
効能 発熱や胃腸にくる風邪に有効
位置 尾の先

尾尖を引っ張る

片手で尾の根元をしっかりつかみ、
もう一方の手で尾の先端にある尾尖を
軽く引っ張ったり、
もんだりして刺激します。

うとうと…

ソラちゃん・5才・男の子

おロのトラブル

猫も歯周病になることから、お口のケアが注目されています。ただ「歯ブラシはハードルが高い！」と感じている人も多いかも。まずは、このマッサージを試してみて。

マッサージのポイント

- 4つの唾液腺（だえきせん）を刺激することで唾液の分泌を促し、歯周病を予防する。
- マッサージは食後に行う。
- 口の周りをさわられるのを嫌がったら、それ以上は続けない。
- 回数の目安は左右各10～20回。

1

口をさわらせてもらう

口の周りをさわられるのに
慣れることからスタート。

2

唾液の出口をもみもみ

まずは唾液腺の出口をマッサージ。上の歯のつけ根と下あごの真ん中あたりを
マッサージして、唾液がよく出るようにしてあげましょう。

ステラちゃん・8才・女の子

3

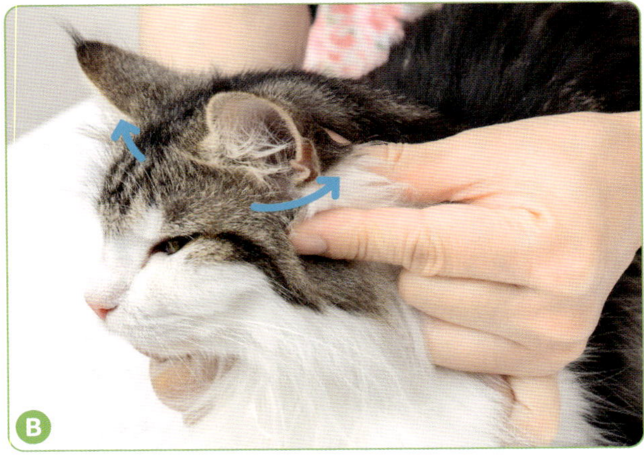

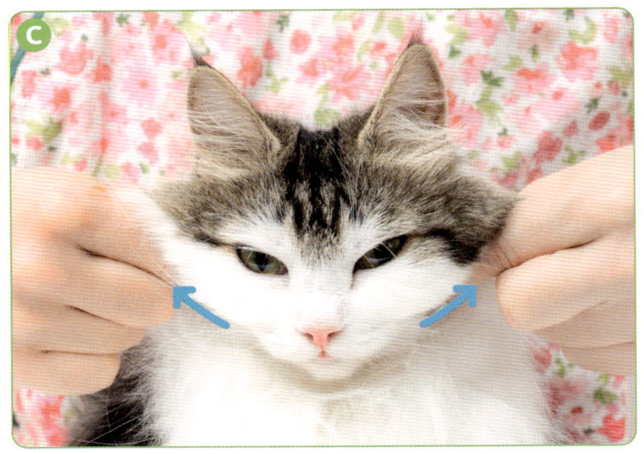

唾液腺をほぐす

4つの唾液腺をマッサージして、
唾液の分泌を促します。

A 頬骨腺（きょうこつせん）

頬骨にそって
頬骨腺をマッサージ。

B 耳下腺（じかせん）

耳の前から下にかけてある
耳下腺をマッサージ。

C 下顎腺（かがくせん）

えらの下にある下顎腺を
つまむようにマッサージ。

D 舌下腺（ぜっかせん）

舌下腺からのどのつけ根を
ピックアップ。

政宗ちゃん・5才・男の子

4 口の周りをストローク（さする）

分泌した唾液を
口の中へ運んであげるイメージで！

column

歯ブラシのコツ

歯ブラシは親指と人差し指の２本で軽く持ち、力を入れないことがポイント。歯ブラシを嫌がったら、濡れた綿棒を使ったり、練り歯磨きを塗ってあげるのもよいでしょう。一度に全部磨こうとせず、１本磨いて今日は終わりでも大丈夫。まったく磨かないよりは歯周病の予防になります。終わったら、ほめてあげるのも忘れずに！

スッキリ！

姫ちゃん・4才・女の子

気になる症状別マッサージ

おしっこのトラブル

去勢した雄猫に多いのが、膀胱炎などのおしっこトラブルです。ストレスを感じやすい神経質な猫にとても多い症状なので、しっかりマッサージで予防していきましょう。

マッサージのポイント

- 東洋医学で膀胱炎の原因は「湿と熱」(過剰な水分と熱)と考えられている。
- 腎臓と膀胱にたまった熱を取ることでトラブルを改善する。
- 回数の目安は左右各10～20回。

1

お腹を円マッサージ

お腹を時計回りにゆっくりさすります。
「気血（きけつ）」の流れを整えて、
膀胱の熱をとります。

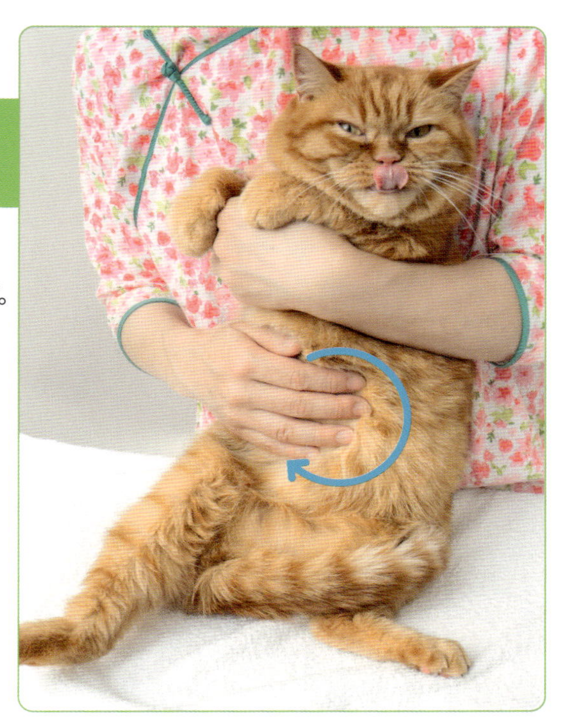

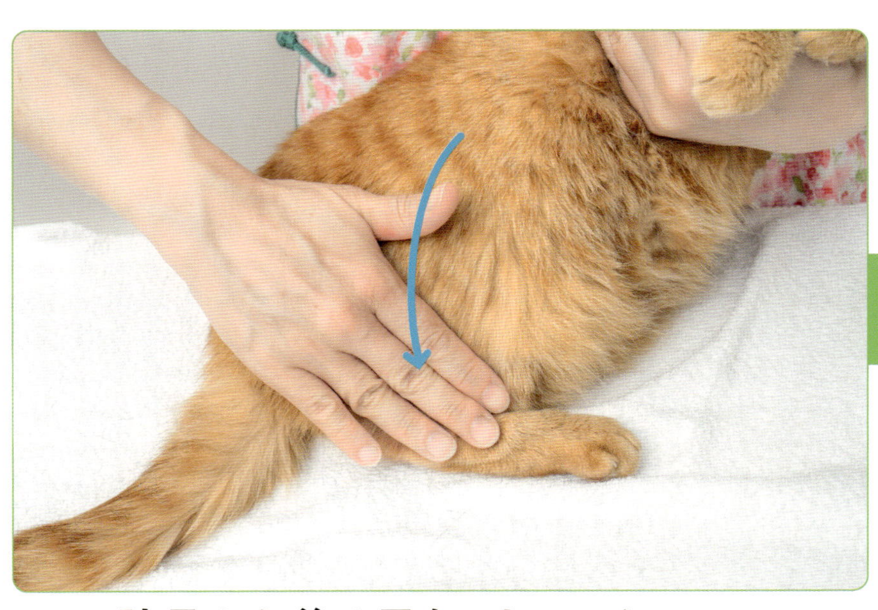

2

肋骨から後ろ足をストローク（さする）

膀胱に関係する経絡（けいらく）が
走っているところです。

元就ちゃん・22才・男の子

3

ビキニラインをストローク

ビキニライン（鼠径リンパ節）は
膀胱に近いリンパ。
内側に向かってさすります。

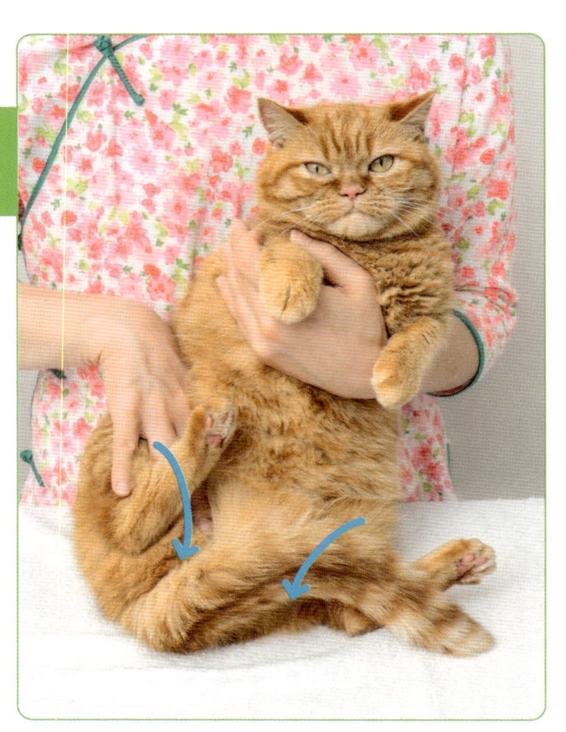

4

腎兪（じんゆ）
効能 腎臓を整える
位置 腰の前方の背骨の両脇（左右各1穴）

背中の腎兪をはさむように押す

腎兪は腎臓を整えるツボ。東洋医学では、腎臓と膀胱はペアで考えます。
膀胱に問題があるときは、腎臓もケア。

タルちゃん・2才・男の子

5

三陰交をストローク

おしっこトラブルのツボ
といえば三陰交。
内くるぶしを上下に
さすりましょう。

三陰交（さんいんこう）
効能 おしっこトラブルの改善
位置 内くるぶしの上
（左右各1穴）

6

太谿（たいけい）
効能 腎臓を整える
位置 内くるぶしの後ろ（左右各1穴）

崑崙（こんろん）
効能 膀胱を整える
位置 外くるぶしの後ろ（左右各1穴）

太谿、崑崙をもみもみ

太谿は腎臓、崑崙は膀胱に効果のあるツボ。
後ろ足の足首の両側にあるので、
いっぺんに刺激できて
相乗効果が期待できます。

くるしゅうない

景ちゃん・5才・男の子

腰痛

11歳以上の90％の猫が腰痛持ちといわれます。猫は「腰がつらいよ！」とはいえませんが、腰痛のサインを出しているかも!?　マッサージで痛みをやわらげてあげましょう。

マッサージのポイント

- 毛艶が悪くなったり、爪研ぎをしなくなったら腰痛のサイン。
- 腰のそばを通る経絡（けいらく）のツボをマッサージすることで、痛みを緩和してあげる。
- 回数の目安は左右各10～20回。

1

しっぽのつけ根をストローク（さする）

しっぽのつけ根、仙骨の周辺をマッサージ。
まず猫が喜ぶところをなでて、腰痛の痛みを緩和してあげます。

2

太谿（たいけい）
効能 腎臓を整える
位置 内くるぶしの後ろ（左右各1穴）

崑崙（こんろん）
効能 膀胱を整える
位置 外くるぶしの後ろ（左右各1穴）

太谿、崑崙をもみもみ

後ろ足の足首の両側にある太谿、崑崙を、左右からはさみ込むようにもみます。
腰のそばを通る経絡のツボをもんで、痛みをとってあげます。

Mogちゃん・4才・男の子

3

腰のそばを通る経絡をストローク

腰のそばを通っている
経絡、膀胱経を
ももつけ根に向かってさすります。

4

ももつけ根からアキレス腱をストローク

やはりここも膀胱経の経絡が走るところ。
ももつけ根からアキレス腱に向かってさすります。

椿ちゃん・9才・女の子

5 腎兪をはさむように押す

背骨の両側にある腎兪を指圧します。
腎兪は長生きのツボ。
骨とも関係があります。
骨を丈夫にして腰痛をやわらげます。

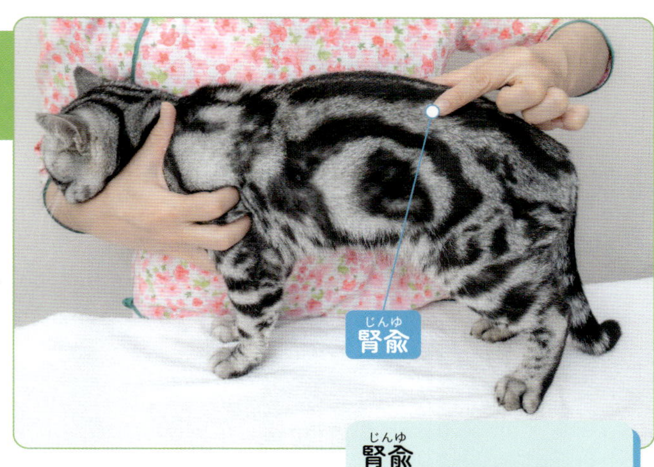

腎兪（じんゆ）
効能 骨を丈夫にする
位置 腰の前方の背骨の両脇（左右各1穴）

6 委中をプッシュ

ひざ裏に親指を入れて押します。

委中（いちゅう）
効能 腰痛
位置 ひざ裏（左右各1穴）

7 しっぽをにぎにぎ

しっぽは背骨の延長。
背骨を刺激すれば腰痛予防にも！

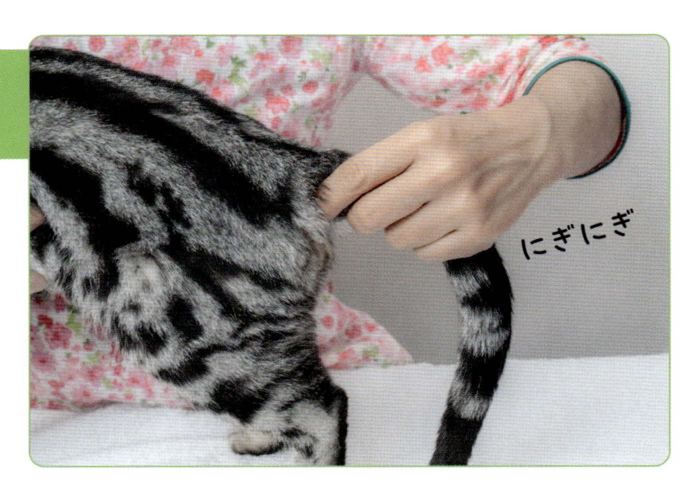

ニオちゃん・5才・女の子

腰痛マッサージしてみた！
猫マッサージって思ったより奥が深い何より驚いたのは……
ふむ ふむ…
猫にも腰痛と肩こりがあるってこと！
肩こり
腰痛
こんなに柔軟な猫も肩こるの？
私とおそろいだったんだね
イヤなおそろい…
よし！さっそくマッサージしてみよう
Let's!!
ほとんどの老猫は腰痛持ちということで……
トン
トン
まずはしっぽのつけ根をトントン！
おぉ！
プリッ
どんどん腰が上がっていくこれって気持ちいいんだね
ふにゃ

本当に腰が痛い子には、
腰ではなく、このツボ
崑崙（こんろん）なんだって！
勉強になる〜
崑崙
腰から
離れてる
ツボなんだね
これなら腰に
負担も少なくて
安心だね
モミ
モミ
猫が歳を取って、
爪バリバリしなくなるのは
腰痛が原因のひとつ
なのか
ペロ
ペロ
つまり、あの
バリバリ体勢は
若さの象徴
だったのね!?
バリ
バリ
腰痛が深刻化すれば
これもできなくなっちゃうかも
バッ
バリ
バリ
バリ
一生爪を研げるように
マッサージで
ケアするからね！
バリ
バリバリッ
??
そして家具が爪で
ボロボロにされる運命も
背負います――

情緒不安定なとき

いつもと様子が違うなというときは、このマッサージを試してみましょう。
また同時に、猫の苦手なものやこわがるものを遠ざけるなど環境の改善も試みて。
気になるときは、動物病院での受診も考えましょう。

マッサージのポイント

- 猫の不安や心のもやもやを丹田に下ろしてあげる。
- 回数の目安は左右各10～20回。

丹田をストローク（さする）

猫の憂うつな気持ちを
丹田に下ろすようなイメージで！

丹田は全身の「気」が
集まるところなんだって

耳尖（じせん）
効能 不安解消
位置 耳の尖端（せんたん）
（左右各1穴）

耳を外側に引っ張る

耳には耳尖という
心の不安を取りのぞくツボがあります。

テトちゃん・3才・男の子

3

カール

ここの内側と外側

カール
効能 リラックス
位置 耳の中央

耳の中間をもみもみ

耳にもツボがあるヨ

カールというツボがあります。
緊張をほぐし、心をリラックスさせる効果があります。

4

神門を指圧

神門をもむことで心の不安や緊張を
取る効果があります。

神門
効能 不安や緊張を取る
位置 前足の小さい肉球の内側（左右各1穴）

マサムネちゃん・1才・男の子

5

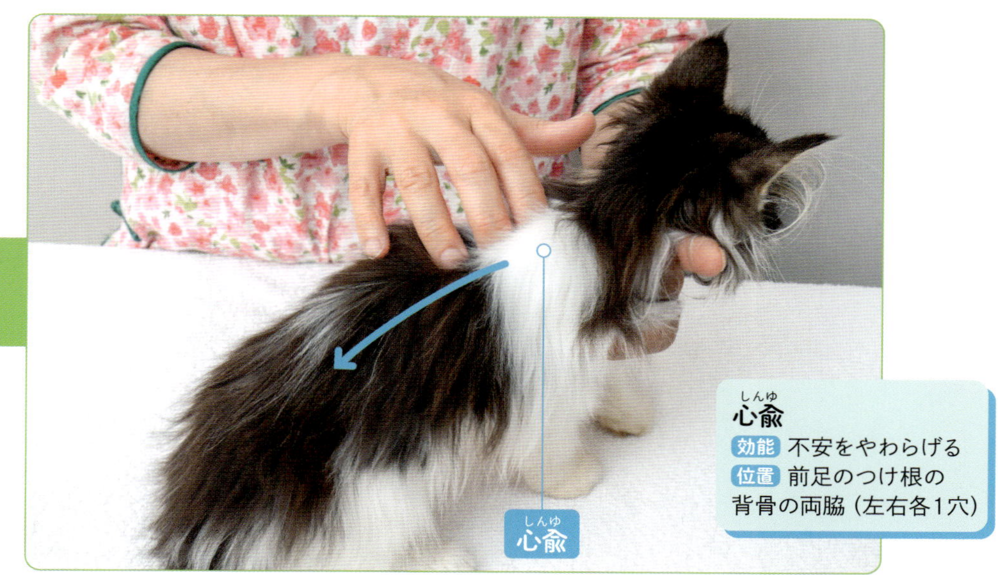

背中をストローク

心兪など心に関係するツボのあるところ。
背中をなでられることで、猫も気分が落ち着きます。

column

猫の尿マーキング

猫の尿マーキングは、普段のおしっことはまったく違います。立ったまま後ろ向きでスプレー状の尿をします。ニオイもきついために飼い主には困った行動と捉えられるかもしれません。ただ、猫のマーキングは、精神的になんらかの変化があったときに起こります。たとえば、発情期、新しい猫が来た、赤ちゃんが産まれて家族構成に変化が生じた、引っ越しなどのストレス。そんなストレスがないかチェックして、なるべく猫のストレスを取り除くようにしてあげましょう。

みとちゃん・6才・男の子

気になる症状別マッサージ

アンチエイジング

猫の世界も高齢化が進んでいます。それとともにガンや生活習慣病にかかることも。いつまでも元気でいてもらうために、マッサージで予防しましょう。

マッサージのポイント

- 若さのツボをマッサージして、老化を予防して免疫力をアップ。
- 腎臓をケアするツボをマッサージして、猫に多い腎臓病を予防。
- 回数の目安は左右各10～20回。

1

腰の百会
効能 免疫力アップ
位置 腰

頭の百会
効能 免疫力アップ
位置 頭頂部

腰の百会から頭の百会をピックアップ（つまんで引っ張る）

腰の百会から頭の百会のライン（督脈）をピックアップします。

2

お腹をストローク（さする）

お腹の真ん中を通る経絡（任脈）をなでます。
任脈は1の督脈と陰と陽の関係。セットでケアするとさらに効果的！

みゃーこちゃん・2才・男の子

3

ゆうせん
湧泉
効能 生命力アップ
位置 後ろ足の一番大きい肉球のつけ根（左右各1穴）

湧泉をプッシュ

湧泉は、泉のように生命エネルギーが
湧き出てくるといわれるツボです。

4

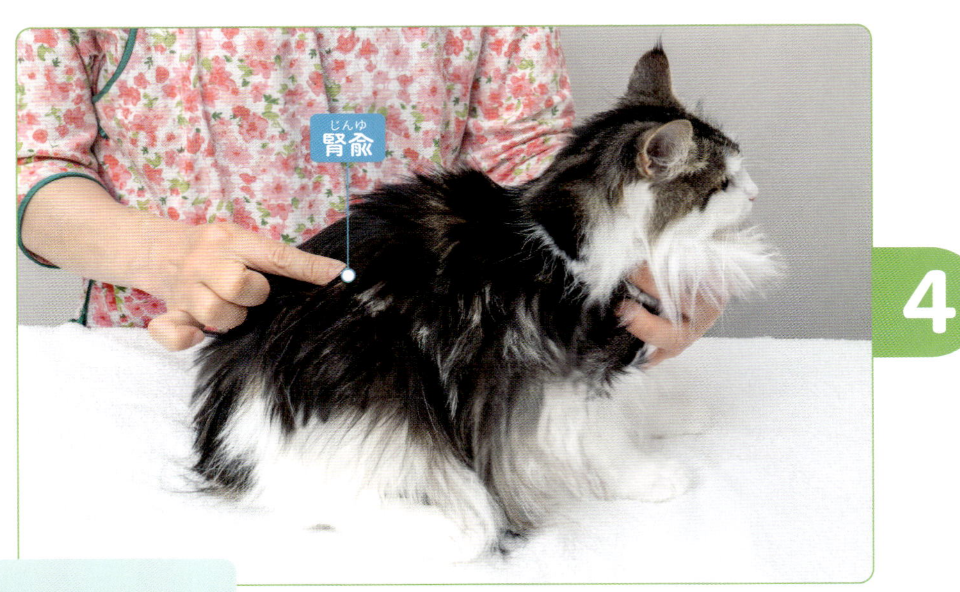

じんゆ
腎兪
効能 腎臓の機能アップ
位置 腰の前方の背骨の両脇（左右各1穴）

腎兪をもみもみ

背骨の左右にある腎兪を
指圧して、腎臓をケア。

りんちゃん・10才・女の子

5

風池を はさむようにもむ

ウイルスへの抵抗力をつけるツボです。
体の免疫力もアップ！

ふうち
風池
効能 風邪予防
位置 頭のつけ根（左右各1穴）

風邪予防のツボだよ

6

どうしりょう
瞳子髎
効能 目の老化予防
位置 目尻(左右各1穴)

ぐで～ん

目の周りをストローク

目尻の外側に瞳子髎というツボがあります。
ツボを押しながら周りも押して回す。

壮一郎ちゃん・3才・男の子

仲良くマッサージさせてもらうためのコツ

攻撃的な猫の場合

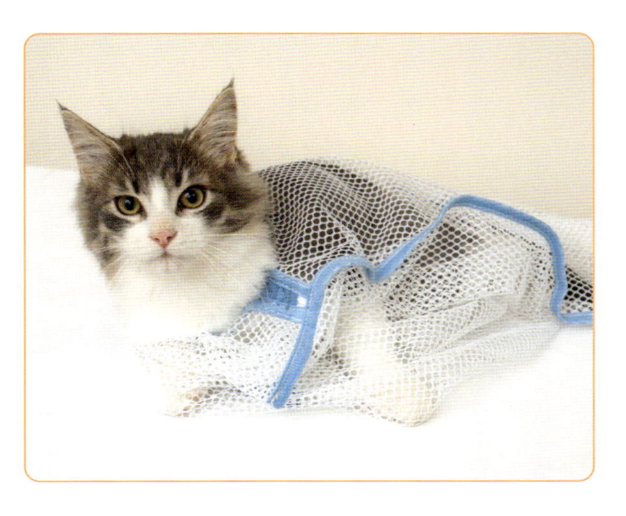

洗濯ネットに入れればおとなしくなる

攻撃的なのはこわがりなことの裏返し。嫌がるのに無理やり体をさわるのは基本的にNGですが、猫は袋に入ることが好きなので、洗濯ネットを使うことが有効です。「今日はご機嫌が悪そう」というときに試してみてください。洗濯ネットに入れた猫は、なぜかみんなおとなしくなります。

猫も人間同様に性格はいろいろ。快くマッサージさせてくれる気のいい猫もいれば、
こわがって体をさわらせてくれない猫や、中には気分を害する猫も。
あなたの身近な猫はどのタイプ？
猫の性格別に、マッサージまでのアプローチの仕方を紹介します。

用心深い猫の場合

長時間はさけて小刻みにトライ！

「マッサージするよ！」という意気込みは、猫にもけっこう伝わります。「何をされるんだろう」と、猫も内心ビクビク。いつもはすぐに近寄ってくるのに、なぜかそばにきてくれないなんてことも。そんな猫には時間をかけてマッサージを。いっぺんに長時間かけるのではなく、小刻みにマッサージしてあげて。

気難しい猫の場合

タオルでくるんで安心させてあげて

猫は犬のように群れで行動する動物ではないので、基本的には自由気まま。甘えたいときは近寄ってくるけれど、急にプイっといなくなることも。それが人間には気難しいとうつるかもしれません。そんな猫はタオルですっぽりくるんで、タオルの上からマッサージしてみて。タオルでくるむと猫はなぜか安心するのです。

元気のいい猫の場合

遊びの延長で
マッサージしちゃおう

元気がよいのはいいこと！　でも落ち着きがない猫にマッサージをするのはかなり難しいですね。無理やり押さえつけようとすれば、とたんに機嫌を悪くするか、逃げ出すのは必至。そんな猫には遊びの延長でマッサージをしてあげて。猫じゃらしなどで遊びながら仲良くなって、体をさわらせてもらいましょう。

column

おすすめ　猫マッサージ用のグッズ

猫用のマッサージグッズはありませんから、人間用のものを使ったり、身の回りにあるものを利用してマッサージしてあげてください。猫がこわがらないように、まずはグッズそのものに慣れてもらうところから始めてください。

1. 猫の機嫌がよさそうなときに始める
2. 道具をかじらせたり、じゃらしたりしながら、道具に慣れてもらう
3. 道具をこわがったら、すぐやめる
4. なでられて喜ぶところから始めてみる

▲ブラッシングは、皮膚を刺激して血行促進や新陳代謝を促すので、マッサージと同じような効果があります。毛流れにそってブラッシングしましょう。

▲ 40度くらいにあたためて、ツボなどにあてて使います。冷えを改善して血行がよくなります。

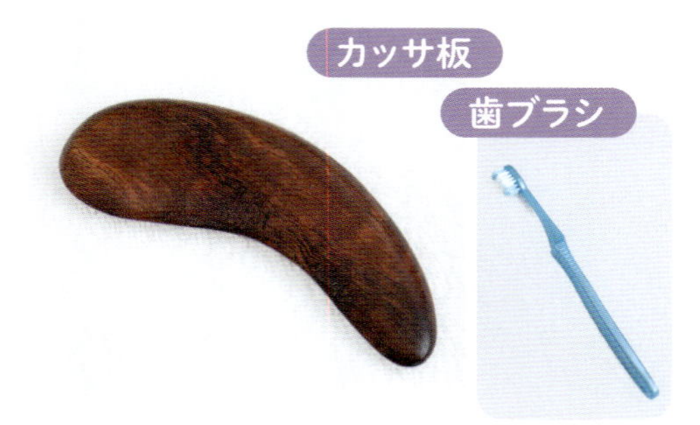

▲体をこすって血行やリンパの流れをよくするカッサ。市販の専用のプレートもありますが、歯ブラシを使ってもOK！ブラシの毛が、猫の舌のざらざらした感触と似ています。

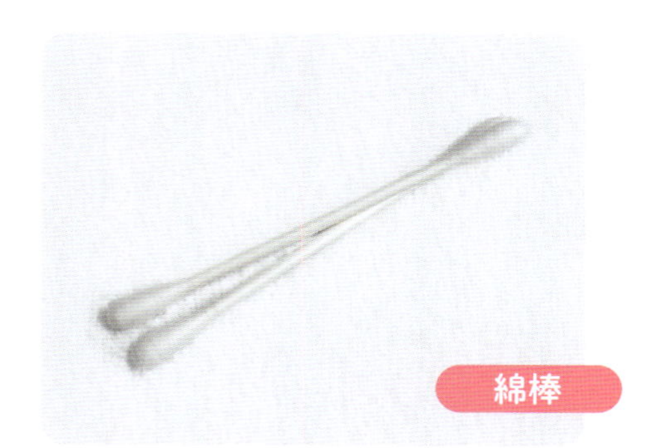

▲手で押しにくいツボをピンポイントで押すときに便利！

おわりに

猫の魅力はなんといってもミステリアスなところです。

こちらに興味なさそうな態度をとっていても、実はよく飼い主のことを観察していて、私が元気のないとき、さりげなく寄り添ってくれるのに何度励まされたことかと思います。大きな葉っぱをくわえて持ってきてくれたり、先にベッドの中に入っていてあたためていてくれたり……本当に猫は愛おしいですね。

そんな猫さんに元気に健康寿命を延ばしてほしい、これが私たち飼い主の願いです。もちろんマッサージだけでは病気を完全に防ぐことはできませんが、"気血水"の流れを滞らせないことは大変重要です。また、猫さんの体をマッサージすると皮膚被毛、骨格、肉づきの変化を察知しやすくなるでしょう。皮膚はきれいでハリがあり、被毛はツヤツヤ、肋骨は適度にさわれ、ウエストのくびれがあり、ちょうどよい肉づきなど、これらは普段からさわっていないとわからないと思います。ぜひ、マッサージを通じて猫さんをよく観察してくださいね。

猫さんは飼い主さんの様子をよく見ています。怒っている顔よりやさしい穏やかな様子に安堵感をおぼえるはずです。猫さんは強そうに見えてとても繊細な動物です。

猫さんと一緒に楽しみながらマッサージを行っていただけるととてもうれしいです。本編に出てくるツボの押し方で重要なポイントは、"思いを込めて"押すことです。さっそく、今日から始めてみてくださいね。

かまくらげんき動物病院
副院長 相澤まな

マッサージで
みんな
ハッピー！
猫マッサージ、
奥が深い！
まさに猫の手も
借りたい……
どのマッサージも
ちゃんと
やり方や理由が
あるんだね
もっとなでろ
この本で猫の病気や
体の変化について
いろいろ勉強できたから
これからは
きちんとした知識で
マッサージできるね
そして私自身も
元気で
いなければ！
よしっ！
今日から毎日
ケアしてあげるね～～
スリ
スリ
ンニャ～
そして最後に、
この本の制作にあたって
応援していただいた猫ちゃんの
お写真を紹介します！
気持ちよさそうな
お顔を
ぜひご堪能ください♪

猫ちゃん
大集合!!
みなさま
かわいい写真
ありがとうございます

石野 孝（いしの・たかし）
神奈川県鎌倉市出身。麻布大学大学院修士課程修了。
中国内モンゴル農業大学にて中国伝統獣医学（鍼灸、漢方）を学び、
かまくらげんき動物病院を開業。
最新の西洋医療と伝統的な東洋医療を融合させた
動物にやさしい治療を実践している。
かまくらげんき動物病院院長、国際中獣医学院日本校理事長、
一般社団法人日本ペットマッサージ協会理事長。

相澤まな（あいざわ・まな）
神奈川県二宮町出身。麻布大学獣医学科卒業。
アメリカ、日本、中国、台湾にて中獣医学を学ぶ。
かまくらげんき動物病院副院長、中国伝統獣医学国際培訓研究センター
客員研究員、国際中獣医学院認定講師。

オキエイコ
イラストレーター。SNSや書籍を中心に猫マンガなどを発信する。
SNS総フォロワーは15万人超。著書に『かわいい！ 愛しい！
だから知っておきたい保護猫のトリセツ　ねこ活はじめました』
（KADOKAWA）がある。「しらす」と「おこめ」の2匹にメロメロ。

スタッフ
装丁・デザイン・DTP：野田明果　撮影：奥山美奈子
動画・編集：清水隆行（ビーフェイスクリエイティブ）　校正：西進社　編集：円谷直子
撮影協力：小林英子 ／ 宗村真紀子 ／ 潮谷明美
おもな協力猫ちゃんたち：白金会長 ／ ジョニー・デップちゃん ／ ジーちゃん ／
スクワードちゃん ／ たぬちゃん ／ あたみちゃん ／ おだわらちゃん ／
サニーちゃん ／ ちゃおちゃん ／ けぃてぃちゃん

とろけるにゃんこ 心と体が整う猫ツボ&リンパマッサージ

2025年2月10日　第1刷発行

著者　石野 孝
マンガ・イラスト　オキエイコ
発行者　永岡純一
発行所　株式会社永岡書店
〒176-8518 東京都練馬区豊玉上1丁目7番14号
電話 03-3992-5155（代表）
印刷・製本　クループリンティング

ISBN 978-4-522-44214-2 C0045